괴담으로 과학하기

괴담으로 과학하기

흡혈귀부터 AI를 지나 중세로 시작해 현대까지,
인간, 사회, 과학을 이해하는 11가지 이야기

박재용 지음

생각학교

차례

들어가는 글: **괴담, 무섭지만 너무 재밌잖아!** 8

1. 흡혈귀: 피를 빠는 광견병 환자 13

내 친구 흡혈귀 | 피는 생명력의 근원 | 리사 바이러스의 침투 | 왜 성수, 빛, 마늘을 피하지? | 시신의 부패 과정 | 자연에서 만나는 흡혈귀 | 피가 부족해

더 알아보자! **누가 흡혈귀일까?** 034

2. 좀비: 죽었니? 살았니? 37

죽고 싶어도 죽지 못하는 사람들 | 식민지와 함께 탄생한 존재 | 죽었다는 건 뭘 의미할까? | 좀비는 살아 있다 | 과학자들의 끊임없는 소생 시도

더 알아보자! **동물계의 좀비인 연가시는 왜 알을 많이 낳을까?** 052

3. 폴터가이스트: 우리가 감지하지 못하는 진동 57

남수의 원룸에 숨은 무엇 | 왜 혼자 있을 때만 나타나지? | 물체마다 다른 고유 진동수 | 아리스토텔레스를 지나 뉴턴까지 | 폴터가이스트 현상은 없다

더 알아보자! **과학과 미신 사이** 073

4. 유령: 뇌의 장난 혹은 착각 77

할머니의 원한 | 이승을 떠나지 못하는 것들 | 유령이 하얀 이유 | 우리는 상호작용을 통해 살아간다 | 유령이 지배하는 우주 | 암흑 물질이 결정하는 우주의 구조

더 알아보자! **영혼의 무게를 측정할 수 있을까?** 097

5. 외계인: 그들이 지구인을 찾지 않는 이유 101

마음에 어두운 기운이 있네요 | 지적인 생명체가 있을 확률 0.0001 퍼센트 | 우주는 생각보다 넓다 | 지구에서 사는 생명의 조건 | 상상 속 외계인은 존재할까?

더 알아보자! **외계인보다 지구인을 걱정해야** 117

6. 도플갱어: 겉모습은 닮아도 커넥톰이 다르다 121

도대체 누구야? | 만나면 죽거나 미칠 수 있다 | 일란성쌍둥이와 도플갱어의 차이 | 유일무이한 우리들의 커넥톰 | 동물도 자기 자신을 자각할 수 있다

더 알아보자! **디지털 도플갱어** 136

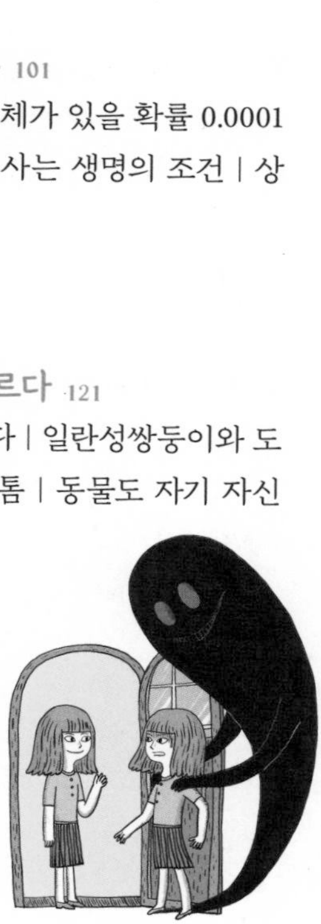

7. 마녀: 가장 약한 사람과 가장 악한 사람 141
이래도 죽고 저래도 죽는 | 사람을 살리는 흑마법사? | 근대 유럽의 마녀재판 | '마녀사냥'은 집단 학살극 | 사이버불링, 공유 뒤에 숨은 폭력
더 알아보자! **현대에도 마녀사냥이 있을까?** 158

8. 고양이: 너무 귀엽지만 절대 길들여지지 않는 163
피맛골에 나타난 고양이 | 인간과 함께 지낼 수 있는 동물 | 개와 고양이의 차이 | 진화 장소에 따른 특징 | 귀여워야 살아남을 수 있다
더 알아보자! **도시의 최상위 포식자** 181

9. 뱀: 지혜와 치유의 상징이자 혐오의 대표 185
이무기를 먹고 탈이 난 청년들 | 징그럽고 혐오스러워 | 오래된 신화 속에 담긴 지혜 | 지하 세계로 내려간 뱀 | 땅 밑에서 갈고닦은 진화의 결과
더 알아보자! **강인한 생명력의 원천, 비늘** 202

10. 평행우주: 다른 우주에 사는 또 다른 '나' 205

시간을 오가는 소녀? | 우리가 보는 것은 현재가 아닌 과거 | 선택하기 이전의 중첩 상태 | 여기선 짜장면을, 또 다른 세계에선 짬뽕을 | 내가 사는 세상이 시뮬레이션이라고?

더 알아보자! 영원히 만나지 못한다는 것 221

11. 인공지능: 인간을 지배할 수 있을까? 225

시작은 과대망상 | 일라이자 효과 | 현재의 인공지능은 아직 의식이 없다 | 두려운 것은 인공지능이 아니라 사람

더 알아보자! 공공재로서의 인공지능 240

나가는 글: 만나지 못한 괴담도 생각해보기 244

참고도서 246

들어가는 글

괴담, 무섭지만 너무 재밌잖아!

누구나 한 번쯤 귀신이나 유령 혹은 마녀 이야기를 들어본 적이 있을 겁니다. 이런 이야기를 들으면 무서워서 소름이 끼치는 사람도 있고, 전부 거짓이라고 생각하는 사람도 있겠죠. 믿든 믿지 않든, 많은 사람들이 괴담에 재미를 느끼는 것만은 분명합니다.

예로부터 이어진 괴담의 첫 번째 유형은 초인간적 존재에 대한 것입니다. 옛날 사람들은 자연현상을 너무나 궁금해했고, 그 궁금증을 유령, 흡혈귀, 좀비, 도플갱어 등 초인간적 존재를 통해 풀고자 했습니다. 상식으로는 이해할 수 없는 현상을 접하면, 귀신이나 유령이 한 짓이 아닐까 추측했던 것이죠. 논리적으로 설명 불가능한 현상들이 이들의 등장으로 설명됐던 겁니다.

하지만 이들이 미지의 자연현상을 설명하기 위해서만 필요했던 건 아닙니다. 아이들에게 경계심을 갖게 하거나 교훈을 전하려고, 유령이나 흡혈귀 이야기를 이용하기도 했죠. 이런 괴담들에는 밤에 돌아다니지 말고, 휘파람도 불지 말고, 묘지에 가지 말라는 가르침이 담겨 있습니다.

괴담의 두 번째 유형은 동물에 대한 겁니다. 이 책에서는 고양이·뱀과 관련된 괴담만 소개했지만, 개·소·호랑이 등 여러 동물에 대한 괴담이 많답니다. 신기하게도 지역에 따라 괴담에 등장하는 동물이 달라져요. 우리나라 동물 괴담은 고양이·뱀·개·쥐·호랑이 등이 대표적 주인공인데, 아프리카에선 코끼리·사자·하이에나·원숭이 등이 이야깃거리랍니다. 또 유럽에는 박쥐와 늑대에 대한 이야기가 많지요.

괴담은 과거만의 이야기가 아닙니다. 사람들이 대부분 도시에 거주하는 오늘날에는 도시 생활과 관련된 괴담이 늘어나고 있습니다. 우리가 접하는 괴이한 일들이 주로 도시에서 일어나니까요. 건물에 대한 괴담이 대표적입니다. 폐가 이야기, 아무도 없는 밤의 학교에서 벌어지는 일, 엘리베이터 괴담 등이 그것이지요. 또 이동 수단과 관련된 괴담도 많지요. 지하철 괴담, 택시 괴담, 버스 괴담 등등. 그리고 인터넷과 스마트폰이 일상화된 요즘은 온라인 괴담도 많아지고 있습니다.

괴담이 퍼지는 과정도 많이 바뀌었습니다. 옛날에는 당연히 입에서 입으로 전해졌습니다. 책이 지금처럼 흔하지 않았고, 글자를 아는 사람도 적었으니까요. 그리고 사람들의 입을 통해 퍼지는 과정에서 괴담의 변형이 이루어지곤 했습니다. 예를 들어 처음에는 호랑이가 주인공이었는데, 괴담이 전파되는 과정에서 어느덧 주인공이 사자로 바뀐 경우도 있습니다.

우리나라는 17~18세기, 유럽은 16세기 이후 책 출판이 활발해지면서 괴담집이 등장했습니다. 그리고 20세기에 접어들어 많은 나라에서 괴담집이 인기를 끌면서, 더욱 많은 사람에게 괴담이 퍼져나갔습니다. 책을 통해 다른 나라의 괴담도 소개되기 시작했지요. 우리나라에 돌아다니는 괴담들은 그 기원이 일본인 경우가 많은데, 20세기 중후반 일본 괴담을 번역해 소개한 책들이 다수 출판됐기 때문입니다.

지금도 책은 괴담을 확산시키는 중요한 매체입니다. 여기에 더해 텔레비전이나 라디오 등도 괴담이 퍼지는 데 한몫하죠. 하지만 20세기 후반부터는 무엇보다 인터넷이 괴담의 주요 유포 경로가 되었습니다. 인터넷의 발달은 괴담의 세계화에도 큰 영향을 미쳤습니다. 전 세계의 사람들이 거의 실시간으로, 여러 나라의 괴담을 접하고 있는 것이죠. 여러분이 지금 알고 있는 괴담들도 대부분 인터넷으로 접한 경우가 많겠죠.

과학과 기술의 눈부신 발달은 괴담의 성격을 바꾸기도 했습니다. 이제 동물이 사람으로 둔갑했다는 이야기는 잘 등장하지 않습니다. 유령이나 좀비, 도플갱어에 관한 이야기도 새로 만들어지지 않습니다. 대신 괴담의 소재는 외계인이나 비밀 조직, 연쇄살인범, 사이코패스, 스마트폰 등으로 옮겨가고 있습니다.

이렇듯 괴담의 소재와 주제 등은 시간에 따라, 또 사회의 발전에 따라 계속 바뀝니다. 하지만 변하지 않는 것도 있어요. 괴담의 존재 그 자체죠. 괴담은 결코 사라지지 않습니다. 과거의 자연현상처럼 우리의 상식으로 풀 수 없는 것, 또 오늘날의 흉악 범죄처럼 우리가 좀처럼 이해할 수 없는 일들은 끊임없이 나타나니까요. 이런 것들을 이해하려고 하는 우리 인간은 불완전하기에, 괴담을 통해서나마 의문을 해소하려고 할 겁니다. 또한 무엇보다 괴담이 안겨주는 재미는 영영 놓을 수 없을 겁니다.

이 책은 흡혈귀나 좀비 등 대표적인 괴담 소재들을 골라 소개합니다. 전해오는 이야기를 그대로 옮기기보다는, 주제를 바탕으로 대부분 직접 지었습니다. 이미 알려진 괴담을 변형한 경우, 출처를 표기해뒀습니다.

이야기 뒤엔 해당 괴담에 얽힌 과학적 사실이나 근거를 살펴

봅니다. 괴담에 나오는 이상한 현상을 과학의 시선으로 살펴보면, 흥미진진한 지식을 쌓을 수 있을 뿐 아니라 근거 없는 두려움에서 벗어날 수도 있습니다. 우리를 두렵게 만드는 괴담의 소재와 연결된 과학적 개념을 알아보는 일은, 괴담을 읽는 것만큼이나 신기하고 흥미로운 과정일 겁니다.

그렇다고 과학만 다루는 것은 아닙니다. 괴담이 만들어진 사회적·역사적 맥락도 따져봅니다. 예전에 만들어진 괴담이 아직까지 생명력을 잃지 않고 있는 이유는, 사회적 의미를 가지기 때문입니다. 즉 대부분의 괴담은 당시 사회상을 담고 있기에, 배경과 의미를 따져보는 것도 좋은 공부가 됩니다. 이를 통해 인간과 세상에 대한 이해를 확장시키는 것은, 우리가 괴담을 즐기면서 얻을 수 있는 귀한 수확물입니다.

마지막으로 괴담과 관련해 함께 생각해볼 문제를 '더 알아보자!' 코너에 실었습니다. 괴담에 담긴 현대적 맥락이 무엇인지 알게 된다면, 재미에 더해 지식과 교양까지 얻을 수 있을 테니까요.

이제 슬슬 발동을 걸어볼까요? 재미있는 괴담의 세계로 함께 가시죠!

1. 흡혈귀:

피를 빠는 광견병 환자

내 친구 흡혈귀

초등학교 6학년 때 창주라는 친구가 우리 학교로 전학 왔다. 창주는 첫 등장부터 강렬했다. 170센티미터 정도의 큰 키에 마른 체구를 지닌 그의 얼굴은 햇빛을 한 번도 받은 적 없는 듯 창백했다. 검은색 바지에 검은색 티셔츠를 입었는데, 그 위에 걸친 코트까지 검은색이라 기가 막혔다. 그런데 자기소개는 더 가관이었다.

"난 조창주야. 내 별명은 칼리고Caligo, 라틴어로 흡혈귀란 뜻이지. 그렇다고 무서워할 필요는 없어. 피는 정육점에서 산 생고기로 챙기니까."

창주의 별명은 첫날 바로 정해졌다. 갈리고! 우리는 창주를 이렇게 놀려대곤 했다. "어이 갈리고! 송곳니 좀 갈고 다녀." "갈리고, 아까 수업 시간에 이 갈면서 자더라." 하지만 창주는 우리의 놀림에 화를 낸 적이 없었다. 가진 자의 여유였을까. 그는 잘생겼고 공부뿐 아니라 운동도 잘해서, 특히 여자애들에게 인기가 많았다.

창주와 나는 같은 중학교에 진학했다. 창주는 중학교에서도 자기가 흡혈귀라고 주장했고, 자신과 꼭 닮은 흡혈귀가 그려진 검은색 티셔츠를 입고 다녔다. 또 여전히 여자애들에게 인기가 많았다. 그 애들은 우리가 절친이라고 착각했는지, 툭하면 내게 창주에 대해 물었다.

"걔 혈액형이 뭐야" A형이라고 말해주면 또다시 질문이 쏟아졌다. "그럼 피도 A형만 골라서 빠니?" "아, 나도 A형인데 내 피 좀 나눠줄까?" 나도 흡혈귀라고 말하면 인기가 많아질까 싶은 마음도 들었으나, 나는 알고 있었다. 여자애들은 창주가 흡혈귀라서가 아니라, 키가 크고 공부를 잘하고 잘생겼기 때문에 좋아한다는 사실을.

중학교 졸업을 앞둔 겨울의 어느 날, 엄마가 불쑥 말했다.

"창주 죽었어."

이게 무슨 말이지? 창주가 죽었다고?

"심장마비래. 장례식장 가야 하니 너도 검은색 옷 입어라. 세상에나."

흡혈귀가 심장마비로 죽을 수 있나? 실감이 나지 않아 슬픔도 느끼지 못했고, 눈물도 나지 않았다. 같은 학교를 다녔을 뿐 그리 친하지는 않았기에, 나는 얼마 지나지 않아 창주의 죽음을 잊은 채 고등학교 생활을 시작했다.

창주가 죽은 지 6년이 지난 며칠 전, 집에 온 작은삼촌이 갑자기 창주 이야기를 꺼냈다.

"너 창주 알지? 너 중3 때 심장마비로 죽은 창주."

삼촌의 입에서 뜬금없이 창주 이야기가 나와서 놀랐다.

"삼촌이 의사잖아. 그때 내가 창주를 부검했어."

처음 듣는 이야기였다.

"사실 창주는 심장마비로 죽은 게 아니었어. 네가 어려서 충격받을까봐 제대로 말해주지 못했어."

"그래? 그럼 창주는 어떻게 죽었는데?"

"그게 좀 이상해. 왜 죽었는지를 정확히 파악할 수가 없었어. 목에 상처 두 개가 나란히 있었는데, 그것 빼곤 모두 정상이었으니까. 심장만 아니라 다른 장기들도 문제없었어. 자기 방에서 죽었는데, 문도 잠겨 있었다고 해. 경찰이 출동해서 문을 열 때까진 부모도 들어가지 못했지. 창문도 꽉 잠겨 있었고. 누가 침입한 것도 아니라서 돌연사로 처리할 수밖에 없었어."

삼촌은 계속해서 말을 이었다.

"조금 이상한 건 시체 옆에 놓인 작은 포스트잇에 라틴어로 된 글이 적혀 있었다는 거야. 'non non estis'라고. 부모님 말씀으로는 창주가 원래 라틴어로 적는 걸 좋아했다더라고."

"그게 무슨 말인데?"

"글쎄, 나라고 라틴어를 잘 아는 게 아니니, 구글에 번역해봤는데 '아니야, 넌 아니야'라고, 아주 간단한 문장이었어. 그나저나 창주가 학교에 다닐 때 흡혈귀 흉내를 냈다고 하던데? 그런데 왜 하필이면 라틴어를 적었을까?"

나는 마음속으로 삼촌의 질문에 대답했다.

'중학생이 되면 그칠 줄 알았더니 점점 심해지더라고. 고등학교도 같은 곳으로 진학할 텐데, 거기서도 흡혈귀 흉내를 내며 다닌다고 생각하니까 짜증이 났어. 죽일 생각은 없었어. 자신이 흡혈귀라고 말하니까 한번 물어주겠다는 거였지. 물리면 진짜 흡혈귀가 되기도 하잖아? 그런데 얼마 빨지도 않았는데 쓰러지대. 그래서 써준 거지. 넌 아니라고.'*

---

* 레딧의 '짧고 무서운 글' 게시판에 올라온 글을 현재 우리나라 실정에 맞게 재구성해서 썼습니다. 원글은 다음 링크에서 확인할 수 있습니다.
https://www.reddit.com/r/shortscarystories/comments/76h6ku/comment/okveyi/

피는 생명력의 근원

✢

피를 먹고 사는 흡혈귀. 요샌 웹툰이나 영화, 미드 등에서 꽤 매력적인 존재로 묘사되지만, 정작 내가 흡혈귀에게 피를 빨린다고 생각하면 끔찍하죠.

흡혈귀 이야기는 아주 옛날부터 전 세계에서 다루어졌습니다. 고대 메소포타미아의 수메르나 바빌론에는 밤중에 사람과 동물의 피를 마시기 위해 떠돌아다니는 '라마슈투'와 '라비스'란 흡혈귀의 이야기가 있었죠. 일본에는 '누케쿠비'라는 괴물의 몸에서 분리된 머리가 돌아다니며 인간의 피를 빤다는 소문이 퍼졌고요. 그 외에도 아프리카, 동남아시아, 남아메리카 등 곳곳에 흡혈귀 전설이 남아 있습니다. 그런데 옛사람들은 어쩌다 피에 집착하는 흡혈귀의 이야기를 떠올리게 된 걸까요?

옛날부터 사람들은 생명을 유지하는 데 피가 중요한 역할을 한다고 여겼습니다. 어지간한 상처로는 죽음까지 이르지 않지만, 피를 많이 흘리면 생명이 위험해진다는 것을 여러 경험을 통해 알고 있었죠. 반대로 죽기 직전의 사람의 혈관에 건강한 사람의 피를 넣어주면 다시 살아나는 모습도 보았습니다. 그래서 옛이야기를 보면, 아픈 부모를 위해 자기 손가락을 베어 피를 먹이는 일화가 종종 나옵니다. 이렇듯 피가 생명력의 근원이라는 생각이 흡혈귀 이야기의 등장 배경 중 하나일 겁니다. 타인의 피를 먹으면 그 생명력도 빨아들일 수 있다는 발상이었던 거죠.

실제로 흡혈귀뿐 아니라 인간도 피를 많이 먹습니다. 이누이트나 시베리아 원주민 그리고 북유럽의 유목민들은 가축을 도살하면, 가장 먼저 피를 마신다고 합니다. 하지만 익힌 음식에 익숙한 문화권에서는 생피를 먹지 않습니다. 모두 익혀서 먹지요. 우리나라 전통음식인 순대도 돼지나 소의 내장에 피를 채워넣어 굳힌 데서 유래했습니다. 피 외에 다른 재료도 넣은 것은 나중의 일이지요. 선짓국은 아예 굳힌 피를 주재료로 하는 음식이고요, 서양의 소시지 중에도 피로 만든 것이 있습니다.

반면 중동 지역에서 탄생한 유대교나 이슬람교는 피를 먹는 걸 금지합니다. 사실 피가 줄줄 흐르는 모습을 보면 섬뜩하기도 하고, 피가 잘 멈추지 않으면 이러다 큰일이 나는 게 아닐까 싶어 겁이 나기도 하죠. 이것이 피 자체에 대한 두려움으로 발전해, 피의 섭취를 금지한 것일지도 모르겠네요. 또 다른 해석도 가능합니다. 피는 신체를 구성하는 성분 중 가장 부패하기 쉬운 성분입니다. 생선을 잡아서 조리할 때 제일 먼저 피를 빼는 것도 이 때문이죠. 고기를 요리하기 전에, 피를 제대로 제거하지 않으면 악취가 나기도 해요. 따라서 음식이 부패하기 쉬운, 더운 지방에서 피를 먹지 않는 문화가 만들어진 것이라 볼 수 있습니다.

이처럼 피의 다양한 측면이 한편으로는 피를 중시하고 선호하는 경향을, 한편으로는 피를 두려워하고 무서워하는 경향을 만들었을 겁니다.

인류 문명의 곳곳에서 흡혈귀 전설은 조금씩 다른 모습으로 나타납니다. 그중 우리에게 익숙한 서양의 흡혈귀 뱀파이어Vampire(드라큘라도 일종의 흡혈귀라고 볼 수 있어요)는 세르비아어 밤피르вампир에서 유래한 것이라는 이야기가 있습니다. 18세기 세르비아 지방에서 관리들이 흡혈귀를 잡는다며 땅속 시신을 꺼내 다시 죽이던(훼손하던) 관행이 오스트리아를 거쳐 서유럽으로 퍼지면서, 세르비아어 '밤피르'가 '뱀파이어'가 되었다는 것이지요.

고대 문화에서 흡혈귀는 악마의 한 형태였는데요. 세르비아를 비롯한 동유럽의 흡혈귀는 자살을 한 사람이나 마녀, 시체를 차지한 망령, 혹은 흡혈귀에게 물린 사람이었다는 점에서 현대 흡혈귀 괴담의 원형이라고 볼 수 있습니다.

리사 바이러스의 침투

서양의 흡혈귀 괴담은 어떻게 만들어지게 된 걸까요? 많은 괴담이 그렇듯, 흡혈귀 이야기에도 여러 유래가 있습니다.

그중 하나가 광견병입니다. 광견병은 역사가 오래되었을 뿐 아니라, 일반적인 병과 달리 증상이 굉장히 섬뜩하고 다른 이에게 옮길 수 있는 감염병이라 옛사람들이 아주 두려워했죠. 그런데 우리가 아는 흡혈귀의 행동이 광견병에 걸린 사람이나 동물의 행동과 비슷하답니다. 어떤 점이 비슷한지에 대해서는 이후에 설명하기로 하고, 우선 광견병에 대해서 먼저 이야기해보겠습니다.

광견병, 말 그대로 병에 걸리면 미친개처럼 보인다는 뜻이기도 하고, 광견병에 걸린 개에게 물리면 옮는다는 뜻이기도 합니다. 광견병은 개뿐 아니라 곰, 너구리, 박쥐, 소, 물개 등 대부분의 포유류에게서 발견되고 인간까지도 옮는 '인수 공통 감염병'입니다. 하지만 인간이 감염되는 건 개에 물렸을 때가 대부분이라, 한자 문화권인 중국과 한국, 일본에서는 '광견병'이라 부릅니다. 영어권에서는 라틴어로 광기를 뜻하는 'rábĭes'에서 유래된 'rabies'를 씁니다. '개(견)'만 빼면 비슷한 뜻이죠.

광견병은 랍도 바이러스에 속하는 리사 바이러스lyssavirus가

뇌에 침투하여 발생합니다. 이 바이러스는 처음에는 주로 근육세포에서 증식하다가, 수가 많아지면 신경세포를 따라 중추신경계로 이동합니다. 그리고 뇌에 도달하면 다시 뇌로부터 뻗은 신경계를 따라 말초신경계와 자율신경계로 이동하고, 마지막으로 침샘으로 이동합니다. 침을 통해 다른 동물에게 옮아갈 준비를 하는 것이죠. 리사 바이러스에 감염된 동물이나 인간이 침을 질질 흘리는 이유가 여기에 있습니다.

우리나라는 야생동물과의 접촉이 많지 않고, 집에서 기르는 개들은 대부분 예방주사를 맞기에 광견병 환자가 거의 없습니다. 2005년 이후 한 명도 발견되지 않았죠. 하지만 세계로 눈을 돌리면 아직도 감염자가 많습니다. 광견병으로 사망하는 사람이 한 해에만 2만 명이 넘으니까요. 광견병은 인도, 중국, 콩고 등의 지역에서 많이 나타나는데, 대부분 개에 물려서 발생한 사례입니다. 미국 등 일부 지역에서는 박쥐 때문에 걸리기도 합니다. 광견병 예방주사도 없고 야생동물과의 접촉도 잦았던 옛날에는 이 병에 대한 두려움이 그만큼 컸겠죠. 그래서 광견병이 흡혈귀 이야기의 유래가 됐을 가능성이 높습니다.

참고로 반려견은 예방주사만 맞으면, 광견병에 걸린 개나 야생동물에게 물려도 전염되지 않으니 크게 걱정할 필요가 없습니다. 또 사람은 미리 예방주사를 맞지 않아도 됩니다. 만약 광견병에 걸린 동물에게 물린다 하더라도, 몸에 침투한 바이러스가 본격적으로 활동하기 전에만 주사를 맞으면 되거든요. 보통 물린 지 1~3일 사이에 주사를 맞으면, 대부분 별다른 증상 없이 낫습니다. 하지만 잠복기를 거친 바이러스가 활동을 시작한 이후에는 치료하기가 대단히 어렵습니다.

왜 성수, 빛, 마늘을 피하지?

이제 흡혈귀와 광견병 감염자(혹은 감염 동물)의 비슷한 점을 살펴보죠. 대표적인 것으로, 흡혈귀를 쫓을 때 성수聖水, holy water를 쓴다는 점을 꼽을 수 있어요. 영화에서 보면 흡혈귀가 성수를 맞으면 그 부위가 타들어가죠. 이는 광견병에 걸리면 물을 무서워하는 현상에서 유래한 것입니다. 광견병의 또 다른 이름이 '공수병'인데, '물을 무서워하는 병'이라는 뜻입니다. 실제로 광견병에 걸리면 동물이든 인간이든 모두 물을 겁내요. 이는 리사 바이러스가 침을 삼키지 못하게 후두를 마비시키기 때문입니다. 침을 조금이라도 삼키려고 하면 엄청난 고통이 따르기 때문에, 물을 보기만 해도 두려워하는 증상이 나타나는 거죠.

흡혈귀가 싫어하는 또 하나, 바로 빛이지요. 흡혈귀는 낮 동안 관에 숨어 있다가 해가 지고 나서야 움직이기 시작하는데요. 이 또한 광견병에 걸린 동물이나 사람이 밝은 빛을 싫어하는 증상에서 유래합니다. 광견병을 일으키는 바이러스가 뇌와 신경을 잠식하게 되면, 신경이 아주 예민해집니다. 감각기관에 조금만 강한 자극이 와도 고통스럽기 때문입니다. 그래서 시각적으로 자극을 주는 빛 또한 싫어하는 거지요. 흡혈귀가 마늘을 싫어하는 이유도 마찬가지입니다. 냄새가 강한 물체가 후각을 자극하면 고통을 느끼게 되기 때문이죠. 그래서 광견병에 걸리면 마늘뿐 아니라 생강이나 양파 같은 음식도 멀리하게 됩니다.

흡혈귀가 십자가를 무서워하는 이유도 설명이 가능합니다. 광견병 환자는 뇌에 문제가 생기기 때문에, 무엇에든 극도로 예민한 반응을 보이는 경우가 많습니다. 예를 들어 뾰족한 물체를 보면 보통 사람과 달리 공포를 느끼고 피하려 하죠. 그러니 끝이 뾰족한 십자가는 두려움의 대상이 될 수밖에 없겠죠?

흔히 흡혈귀는 송곳니가 뾰족하고 긴 것이 특징입니다. 피를 빨기 위해서라는 설정이지요. 그런데 광견병 환자도 마찬가지입니다. 바이러스에 의해 잇몸이 파괴되고, 또 물을 마시지 못해 마른 잇몸이 말려 올라가기 때문에 치아가 길어 보이죠. 거기다 일부 광견병 환자들은 다른 사람을 물려고 달려들기도 하는데, 흡혈귀가 피를 빨기 위해 달려드는 모습은 여기서 비롯된 것입니다. 이때 상대방을 물려고 입을 크게 벌리면, 치아가 더욱 도드라지겠죠.

즉 우리가 아는 흡혈귀의 모습과 특징은, 광견병에 걸린 사람들이나 동물들이 보이는 증상을 좀더 과장하고 험악하게 묘사한 것이라 볼 수 있습니다.

참고로 광견병과 비슷한 증상이 나타나는 병에는 '포르피린증'도 있습니다(발병하는 경우가 아주 드물긴 하지만요). 포르피린은 적혈구의 헤모글로빈이 산소와 결합하는 걸 도와주는 효소인데, 유전적 요인으로 인체 내에 과다하게 쌓이는 경우가 있습니다. 그러면 빛에 극도로 예민해지고, 빛에 닿은 부위는 마치 화상을 입은 것처럼 되지요. 또 포르피린증에 걸리면 잇몸이 점차 줄어들어 이빨이 길어진 것처럼 보이고, 온몸의 털이 굵고 길어집니다. 옛사람들이 '포르피린증'을 '흡혈귀병'이라 부른 이유이지요.

시신의 부패 과정

흡혈귀의 모든 모습이 광견병에서만 온 건 아닙니다. 지금은 사람이 죽으면 검시관이 검시하기도 하고 매장과 화장 등 장례 절차도 전문가들이 맡아서 하지만, 예전에는 가족과 동네 사람들이 힘을 합쳐서 이 모든 절차를 진행했습니다. 죽은 후 3일 정도 지나면 시체의 부패가 시작되면서, 냄새가 나고 피부색도 완연히 변하게 됩니다. 그런데 어떤 사정으로 부패가 느리게 진행되면, 이전의 시체들과 다른 모습이 나타나 사람들을 당황스럽게 합니다. 이런 이야기에 살이 붙고 과장되면서, 흡혈귀 이야기가 탄생하기도 한 것이죠.

시체의 부패가 느려지는 대표적인 경우는 갑자기 추워질 때입니다. 기온이 내려가면 부패 속도가 느려지죠. 혹은 무덤 주변의 토양 성분이 원인이 되기도 합니다. 금속 성분이 많다든가 아니면 수분이 아주 적다든가 하는 이유들이 부패 속도와 과정에 영향을 주는 것이죠. 부패 속도가 느려지면, 죽고 나서 한참이 지났는데도 겉으로 보기엔 별 변화가 없습니다. 야생동물이 무덤을 파헤치거나, 혹은 홍수나 산사태로 인해 무덤 속 시체가 땅 위로 나왔는데 살아 있을 때와 비슷해 보이면 다들 놀랄 수밖에요. 이

'죽었는데 죽지 않은 사람'의 존재가 '불멸의 흡혈귀'의 모티브가 되었을 가능성이 높습니다.

하지만 겉이 멀쩡해도, 내부는 부패가 진행되었을 가능성이 높습니다. 사람이나 동물의 내장은 산소가 별로 없어서, 이곳에 여러 혐기성세균들이 살고 있어요. 우리가 살아 있을 때는 이 세균 중 일부가 음식물을 분해합니다. 하지만 죽고 나면 더 이상 먹을 수도 없기에 외부에서 음식물이 들어오지 못하고, 또 대장 내부의 똥도 밖으로 배출되지 못하죠. 이에 내장 내부의 산성도가 변하면서, 이전까지 크게 활약하지 못했던 세균들이 움직이기 시작합니다. 음식을 분해하던 세균들도 이제 음식물 대신 내장 벽을 분해하기 시작하고요. 고세균이나 기타 다른 세균이 이런 일을 주도적으로 하는데, 이 과정에서 가스가 발생하지요. 메탄이나 이산화탄소, 황화수소 등이 만들어지는 거예요.

보통의 경우 내부 부패와 더불어 외부도 부패가 진행됩니다. 그럼 내부에서 발생하는 가스가 자연스레 밖으로 빠져나가죠. 하지만 외부 부패가 제대로 이루어지지 않으면, 배출되지 못한 가스가 내부에 차오르게 됩니다. 그럼 배와 가슴 등이 부풀어 오르는데, 마치 시체가 뭔가를 먹은 듯한 모습이 되지요.

죽어서도 뭔가를 먹는 시체라니, 이것만으로도 충분히 으스

스한데요. 설상가상, 외부에서 충격이 가해지면 차오른 가스 중 일부가 코와 입으로 새어나오면서 소리가 납니다. 시체가 그르렁대면 누구든 오싹해지지 않을 수 없지요. 죽은 줄 알았는데, 다시 살아났다는 무시무시한 생각이 듭니다. 또 장기가 부패 과정에서 녹아 혈액과 섞여 있다가, 코와 입으로 빠져나오기도 하는데요. 입가에 맺힌 피거품을 본 사람은 시체가 누군가의 피를 마셨다고 생각할 수밖에요.

시체가 살아났다고 생각하니, 다시 죽여야 하나 고민이 됩니다. 죽은 존재가 되살아나면 나중에도 천국에 갈 수 없을 것 같기도 하고, '죽었지만 죽지 않은 존재'에 대한 두려움도 크고요. 그래서 사람들은 여느 시체와 다른 시체의 가슴에 말뚝을 박았습니다. 심장이 파괴되면 확실하게 죽을 거라는 생각에서였지요. 그런데 가슴에 말뚝을 박으면, 어떤 일이 일어날까요? 내부의 가스가 일시에 빠져나오면서, 아주 기괴한 소리가 납니다. 영화에서도 흡혈귀의 가슴에 십자가를 박으면, 갑자기 눈을 번쩍 뜨면서 비명을 지르곤 하죠.

누군가가 죽어서 장례를 치르는 일이야 옛사람들도 자주 겪었지만, 무덤 속에 파묻었던 시체를 보는 일은 아주 드물었죠. 그런데 묻힌 지 한참 지난 시체가 썩지도 않은 채 발견되면 얼마나 겁이 났겠습니까? 이렇듯 사람들을 놀라게 했던 다양한 현상들이 입에서 입으로 옮겨지면서, 흡혈귀의 특징이 만들어졌습니다.

자연에서 만나는 흡혈귀

은유적 의미로의 흡혈귀가 아닌 진짜 흡혈귀가 있을까요? 답은 '네', 인간이 아니라면 존재합니다. 여름철 우리를 괴롭히는 모기는 일종의 흡혈귀예요. 모기는 평소에 꽃의 꿀이나 과일의 즙을 빨아 먹고 삽니다. 그러다 산란기가 되면 암컷 모기는 알에 필요한 단백질을 보충하려고 피를 빱니다. 이 과정에서 세균이나 바이러스를 옮기는데, 뇌염, 말라리아 등이 모기로 인한 대표적인 질병입니다.

인간을 가장 많이 죽이는 동물이 바로 모기입니다. 1년에 약 70만 명 정도의 사람이 모기 때문에 죽습니다. 다른 사람에 의해 사망하는 경우는 약 40만 건 정도가 되지요. 뱀으로 인한 사망자 수는 1년에 약 5만 명 정도로, 모기 때문에 죽는 사람의 10분의 1도 되지 않습니다. 그러니 모기가 흡혈귀라고 해도 반박하기 힘들지 않을까요?

또 다른 흡혈 동물로는 거머리가 있습니다. 거머리는 지렁이의 먼 친척 정도 되는데, 대부분 물에 살지만 아주 일부는 육지에도 삽니다. 예전에는 얕은 냇가나 논에 들어갔다가 거머리에 물리는 경우가 많았습니다. 거머리는 일단 달라붙으면, 흡반에 있는 이빨로 피부에 상처를 내고 피를 빱니다. 이때 거머리가 분비하는 '하루딘'이란 물질은 피가 굳는 걸 막는 항응고 작용을 하는 동시에, 통증을 느끼지 않게 하는 마취 작용도 해서 물렸다는 사실을 알아차리지 못하게 만듭니다. 농부가 일을 마치고 논둑 위로 올라와서야, 거머리가 피를 빨고 있는 모습을 발견하는 이유죠. 거머리가 피를 빨 때 역시 혈액을 통해 세균이나 바이러스가 침입해서 감염이나 염증을 일으키기도 합니다. 그런 의미에서 보자면, 거머리도 자연에서 만나는 흡혈귀라 할 수 있겠네요.

피가 부족해

마지막으로 흡혈박쥐도 빼놓을 수 없습니다. 거머리나 모기야 그리 크지 않은 생명체지만, 박쥐는 제법 크기가 있으니 제대로 된 흡혈동물이라 볼 수도 있겠습니다. 흡혈박쥐는 아시아나 유럽, 아프리카와 같은 구대륙에는 없고 오직 아메리카에만 서식하죠. 남아메리카에 사는 박쥐 중 오직 세 종이 흡혈을 하는데, 대상이 대부분 동물이에요. 사람의 피를 빠는 일은 거의 없죠. 주로 말이나 소 등이 잘 때 몰래 달라붙어 피를 빱니다. 그런데 이 박쥐들이 겁이 참 많다고 해요. 그래서 동물이 잠결에 뒤척이면 바로 줄행랑을 칩니다.

흡혈귀를 떠올리면, 박쥐로 변신해서 날아가는 모습이 연상되기도 할 텐데요. 사실 아시아나 유럽의 전통적인 흡혈귀 설화는 박쥐와는 관련이 없습니다. 흡혈박쥐의 존재 자체를 몰랐으니까요. 그러다 남아메리카의 흡혈박쥐가 유럽에 알려지면서, 원래의 흡혈귀 전설에 박쥐의 이야기가 덧붙여진 것이죠.

흡혈박쥐는 매일 자기 몸무게의 절반에 해당하는 피를 마시는데도, 이틀만 굶으면 영양부족으로 죽을 수 있다고 해요. 생명 유지에 필수적인 성분이 피에 들어 있지만, 그 성분의 양이 얼마 되지 않기에 아무리 피를 많이 빨아도 늘 부족한 것이죠. 그러니 설사 정말로 (과거 사람이었던) 흡혈귀가 존재한다고 하더라도, 매일 서너 명의 피를 몽땅 먹을 수 있는 상황이 아니라면 굶어 죽을 수밖에 없을 겁니다. 그런데 우리는 자기 몸무게의 10분의 1 정도만 먹으면 위가 꽉 차서, 더 이상 섭취가 어렵거든요. 즉 사람이 흡혈귀로 변하기에는(정확히는, 흡혈귀로 변해서 생존하기에는) 생물학적으로 많은 무리가 따르는 거지요.

더 알아보자!

누가 흡혈귀일까?

요사이 나오는 영화나 웹소설, 웹툰 등에서는 흡혈귀가 매력적인 모습으로 등장하기도 하지만, 예전의 흡혈귀는 '다른 사람을 착취하는 악당'을 일컫는 비유로 많이 쓰였습니다.

가령 중세 시대 지주들은 소작인(농노라고도 합니다)들에게 농사를 지을 수 있도록 땅을 빌려주고 지대, 즉 일종의 임대료를 받았습니다. 그런데 그 비용이 워낙 비싸서 소작인들이 아무리 열심히 농사를 지어도, 지대를 내고 나면 먹고살기 힘들 지경이었지요. 그래서 지주들을 '흡혈귀'라고 부르기도 했습니다.

우리나라의 경우 《춘향전》에 나오는 변 사또가 그런 인물입니다. 자기가 다스리는 지역의 농민들에게 세금을 걷어 호의호식하는 모습이, 딱 흡혈귀를 닮았지요. 또는 제국주의 시절 아프리카의 흑인들을 데려다가 노예로 부리던 이들도 이런 범주에 들어갑니다. 사람뿐 아니라 제국주의 국가들도 피지배국의 사람들을 착취하는 흡혈귀로 표현되곤 했습니다.

물론 전부 과거의 이야기지요. 그렇다면 피를 빠는 흡혈귀로 비유될 만한 사람들도, 과거의 이야기일 뿐일까요? 꼭 그렇지는 않은 듯합니다.

우리가 즐겨 입는 흰 티셔츠를 만들기 위한 순면은, 주로 우즈베키스탄·타지키스탄·카자흐스탄 같은 중앙아시아의 나라나 인도·중국·미국 등에서 재배한 면화에서 얻습니다. 면화 1킬로그램을 생산하려면 약 1~2리터의 물이 필요합니다. 그런데 중앙아시아는 건조한 지역입니다. 비가 많이 오지 않으니, 주변의 강에서 물을 끌어다 사용합니다.

지금은 우즈베키스탄과 카자흐스탄 등이 독립했지만, 예전에는 현재의 러시아와 함께 '소비에트 사회주의 공화국 연방(소련)'이라는 하나의 국가를 이루고 있었습니다. 그때 소련 정부는 중앙아시아에서 집중적으로 면화를 재배하면서 강에 댐을 만들었죠. 수십 년 동안 강물을 끌어 쓴 결과는 어떠했을까요?

중앙아시아 카자흐스탄과 우즈베키스탄 사이에는, 세계에서 네 번째로 큰 '아랄해'라는 호수가 있었습니다. 남한 면적의 3분의 2가량 되는 엄청난 크기로, 너무 넓어서 호수인데도 '바다 해' 자가 붙은 것이죠. 하지만 지금 호수는 거의 사라졌습니다. 불과 10퍼센트 정도만 남았죠. 수십 년간 목화 재배를 위해 호수로 가는 물을 모두 소진했기 때문이에요.

아랄해 근처에는 물고기를 잡아 살아가는 사람들도 많았습니다. 이 호수에 살던 생물들과 그에 의지하던 사람들에게 아랄해의 넉넉한 물은 그야말로 자신들의 피와도 같았을 겁니다. 그런데 면화 재배를 한답시고 피 같은 강물을 모조리 써버리다니, 그 호수의 생물들과 또 주변에 살던 사람들에겐 흡혈귀가 따로 없었겠죠. 강과 호수 등 육지가 품은 물은 생태계에도, 생태계에 의지해 살아가는 사람들에게도 피만큼 소중한 것이죠. 개발을 위해, 성장을 위해 물을 소모해버린 이들에게 흡혈귀라고 하면 과한 걸까요?

Q 다음 중 광견병과 관련된 설명이 아닌 것은?

A

1) 물을 무서워한다.

2) 바이러스 때문에 잇몸이 파괴되어서 이가 길어 보인다.

3) 빛을 싫어한다.

4) 시신이 부패할 때 생기는 병이다.

답: 4)

2. 좀비:

죽었니? 살았니?

죽고 싶어도 죽지 못하는 사람들

멕시코 마약 조직 '시날로아 카르텔'의 두목 엘 카포 구스만의 또 다른 별명은 학살자다. 경쟁 조직뿐만이 아니다. 자신의 뒤를 캐는 검사, 마약 현장을 단속하는 경찰, 명령에 순순히 따르지 않는 지역 주민에 이르기까지, 직접적으로든 간접적으로든 그에 의해 죽임을 당한 이들이 수천 명이다.

그런 구스만이 지금 당황해하고 있다. 분명 은신처에서 잠이 들었는데, 깨어 보니 허허벌판이다. 게다가 수백 명의 사람들이 자신을 향해 모여들고 있다. 무의식중에 허벅지를 만져보니 암살에 대비해 잘 때도 매어두는 총이 잡힌다. 구스만은 총을 꺼내 들고, 머리를 흔들어 정신을 차려본다.

자세히 보니 자신을 향해 다가오는 이들의 모습이 하나같이 이상하다. 머리가 깨져 뇌가 드러난 사람, 두 팔이 없는 사람, 가슴에 구멍이 뻥 뚫린 사람 등. 이건 영화에서나 보던 좀비다. 왜 갑자기 좀비가 달려들까 싶어, 자세히 들여다보니 모두 자신이 명령해서 죽였던 이들이다.

구스만은 가까이 다가오는 좀비들을 향해 총을 겨눴다. 총알을 낭비하면 안 되기에, 한 명에 한 발씩만 쏜다. 하지만 그들은 총을 맞고도 쓰러지지 않고 계속 다가온다. 빠르지도 않다. 말을 하지도 않는다. 그저 그를 향해 걸어올 뿐이다. 구스만은 도망가려 하지만, 사방에서 포위해오는 좀비를 피해 빠져나갈 곳이 없다. 그는 이를 악물고 그나마 좀비가 덜 몰린 쪽으로 뛰기 시작한다. 그에게 다가서는 좀비를 향해 발길질을 하고, 주먹을 날리고, 총으로 머리를 찍으며 대항한다.

하지만 앞의 좀비들을 상대하는 사이, 뒤쪽으로 다가온 좀비들이 그를 잡는다. 어떤 좀비는 그의 왼쪽 팔을, 또 다른 좀비는 등을, 다리가 잘린 좀비는 발을 잡는다. 구스만은 좀비들에 둘러싸여 몸부림을 치다, 그만 넘어지고 만다.

"악."

구스만은 자기가 내지른 소리에 놀라 깨어났다. 그렇다, 그것은 꿈이었다. 안도한 그는 땀으로 흠뻑 젖은 몸을 씻기 위해 샤워실로 향한다. 그런데 방문을 연 순간, 뭔가 벌레 떼처럼 몰려든다. 허허벌판에서 좀비들이 걸어오고 있다. 그는 다시 총을 꺼내 들고 좀비를 피해 달린다. 그러다 넘어지고, 죽어가며 비명을 지른다.

"악."

역시 꿈이었다. 하지만 사방을 둘러보니 다시 좀비들이 들이닥친다. 구스만은 온몸의 살점이 뜯어지며 숨이 끊어진다. 다시 깨어났지만, 침실 안에 좀비들이 가득하다. 그리고 그를 향해 몰려든다.

식민지와 함께 탄생한 존재

✢

좀비와 흡혈귀는 죽은 뒤의 존재, 즉 '언데드undead'라는 공통점이 있습니다. 그런 둘의 차이는 죽은 후에 자의식을 갖느냐, 갖지 못하느냐죠. 흡혈귀는 영혼과 육체가 모두 온전합니다. 죽었다는 사실만 빼면 산 사람과 크게 다르지 않지요. 그에 비해 좀비나 강시는 영혼은 사라진 채 육체만 움직입니다. 이 때문에 흡혈귀와 좀비는 같은 선상에 놓이지 않습니다. 영혼을 육체보다 우위에 두는 전통에 따라, 흡혈귀는 상급으로 좀비와 강시는 하급으로 취급하곤 합니다. 괴담의 세계에서도 나름의 계급이 있는 것이죠. 그래서인지 영화나 드라마, 웹툰, 게임 등에서 흡혈귀는 대부분 매력적이고 신비한 존재로 그려지는 반면, 좀비는 다른 이들에게 조종당하고 휩쓸리는 모습으로만 표현되곤 합니다.

좀비는 다른 주인공들에 비해선 역사가 굉장히 짧습니다. 대략 300~400년 정도 되었거든요.

미국 플로리다와 멕시코, 그리고 남아메리카 사이의 바다를

카리브해라고 부릅니다. 카리브해에서 가장 큰 섬은 쿠바이고, 두 번째는 히스파니올라섬입니다. 이 섬의 서쪽은 아이티공화국이고 동쪽은 도미니카공화국인데요, 이 중 아이티공화국이 좀비가 탄생한 곳입니다. 먼저 아이티공화국에 대해 살펴볼게요.

15세기, 동양에 대한 교역을 목적으로 항해를 떠난 콜럼버스는 잘못된 항로 계산으로 히스파니올라섬에 도착했는데요. 스페인이 이 섬을 식민지로 삼으면서, 아메리카 대륙 침략의 역사가 시작되었다고 합니다. 원래 히스파니올라섬에는 자신들을 '타이노'라 부르는 선주민들이 살고 있었습니다. 하지만 스페인 사람들이 들어오면서 같이 유입된 천연두 등에 감염되는 바람에 대부분 목숨을 잃고 맙니다. 스페인 사람들은 남은 선주민들을 금광과 농장에서 노예처럼 부렸고, 이 과정에서 또 많은 사람들이 세상을 떠났습니다. 결국 선주민 중 극소수만 살아남았죠.

17세기가 되자 프랑스가 스페인으로부터 이 섬의 서쪽 3분의 1가량을 양도받아 '생도맹그'라고 이름 짓는데, 이곳이 나중에 아이티공화국이 됩니다. 계속 스페인 식민지로 남아 있던 동쪽은 도미니카공화국이 되지요. 프랑스는 이 땅에서 사탕수수와 커피를 재배하기 시작했는데요. 프랑스 식민지 중 가장 많은 부富를 안겨준 곳이 바로 생도맹그였습니다.

생도맹그는 스페인의 지배를 받던 시절, 선주민들이 이미 많이 죽은 탓에 남은 사람이 거의 없었습니다. 프랑스는 아프리카의 노예를 수입해서 일을 시켰습니다. 18세기 말이 되자 백인은 2~3만 명인데 반해, 아프리카에서 끌려온 노예는 무려 50~70만 명에 달할 정도였습니다. 노예들은 커피 농장과 사탕수수 농장에서 강제 노동에 시달렸습니다. 게다가 일을 제대로 하지 못하면, 잔인한 폭력이 가해졌어요. 노예 중 5년 내에 목숨을 잃는 이들이 3분의 1이 넘을 정도로, 가혹하고 처참한 상황이었죠.

노예들은 고달픈 삶을 어떻게든 견디고자, 아프리카에서부터 믿어왔던 토착 신앙에 기댑니다. 하지만 프랑스 노예주들은 종교의 자유마저 허락하지 않고, 자신들의 종교인 가톨릭을 강제로 믿게 합니다. 그렇게 토착 신앙과 가톨릭이 섞이면서, 새로운 종교인 '부두교'가 만들어졌어요. 그리고 이 부두교에서 좀비가 유래합니다. 신이 있으면 악마가 있듯 부두교에도 정식 사제의 반대편에 마법사나 마녀인 '보코르'가 있는데, 이들이 좀비를 만들어 자신들의 명령에 따르게 했다고 해요. 그래서 사람들은 좀비가 아니라 좀비가 되는 것을 더 두려워했죠.

부두교의 좀비는 자유의지와 상관없이 붙잡혀서 강제 노동에 시달리는 자신들의 삶을 표현한 것일지도 모릅니다. 그런데 좀비 이야기는 프랑스 농장주와 관리인들이 더 많이 퍼트렸다고 해요. 당시 너무 힘들어 자살로 생을 마감하는 노예들이 많았거든요. 농장주들에게 노예는 일종의 재산인데, 즉 그들 입장에서는 노예의 자살이 재산의 손실이었던 거죠. 그래서 농장주들은 죽으면 좀비가 된다고 겁을 주며, 노예들이 죽지 못하게 막았던 겁니다.

죽었다는 건 뭘 의미할까?

좀비를 한마디로 정의하자면 '죽었지만 움직이는 사람'이라고 할 수 있겠습니다. 그런데 여기서 의문이 듭니다. 죽었다는 건 뭘 의미할까요? 좀비는 정말 죽은 걸까요? 우선 사망의 의미부터 따져보겠습니다.

일단 의학에서 사람이 죽었다는 판단을 내리는 기준은 20세기에 크게 바뀌었습니다. 이전까지 전 세계적으로 거의 공통된 기준은 심폐 정지, 즉 '심장이 더 이상 뛰지 않고 숨을 쉬지 않는다'였어요. 그래서 어떤 이가 죽었는지를 알기 위해 가슴에 귀를 대고 심장이 뛰는지 확인하거나, 목의 경동맥에 손을 대서 맥박

을 살폈죠.

하지만 심장이 일시적으로 멈추었다가 다시 뛰는 경우도 있거든요. 심장마비가 왔을 때 심폐 소생술을 통해 심장이 다시 기능하게 할 수도 있지요. 심장이 장시간 멈추었다가 갑자기 뛰는 사례도 드물지만 존재하고요. 또 심장 수술을 할 때는 일부러 심장을 멈추기도 합니다. 그래서 사망에 대한 새로운 기준이 필요하게 되었죠. 20세기 중반이 지나면서, 사망의 기준은 뇌사로 바뀌었습니다.

우리 뇌는 대뇌·소뇌·중뇌·간뇌·연수로 이루어져 있는데, 이 중 간뇌와 연수는 인체의 생명 활동에 결정적 작용을 합니다. 호흡·소화·혈액순환·체온조절·호르몬 분비·자율신경 조절 등 사람이 살기 위해 필요한 대부분의 활동을 관장하지요. 간뇌와 연수는 중뇌와 함께 '뇌간'을 구성하는데, 이 부분의 활동이 멈추면 뇌사로 판정합니다. 의학적으로 죽음을 선언하는 것이죠. 흔히 영화나 드라마에서 사망 여부를 확인하기 위해 눈꺼풀을 뒤집고 불빛을 비춰보는데, 뇌사 상태에서는 양쪽 눈꺼풀이 분리되어 고정되고 빛반사 등이 일어나지 않기 때문입니다.

좀비는 살아 있다

✢

그럼 좀비는 어떤 상태일까요? 좀비는 정말 죽은 걸까요? 영화나 웹툰에서 주인공을 발견하고 뒤쫓는 좀비들의 모습이 자주 그려지곤 합니다. 일단 주인공을 발견한다는 건 시각 정보를 처리할 수 있다는 뜻입니다. 또 뒤쫓는 행위는 최소한 다리 근육은 자신이 원하는 대로 움직일 수 있다는 의미죠. 이 모든 건 대뇌와 소뇌에서 관장합니다. 만약 대뇌와 소뇌가 정지되면, 감각을 느낄 수도 없고 근육을 움직일 수도 없습니다. 물론 무릎반사처럼 대뇌가 관장하지 않는 근육 활동도 있습니다만, 특정 물체를 쫓아가는 등의 행위는 대뇌가 말초신경을 통해 명령을 내리지 않으면 불가능합니다.

따라서 좀비는 최소한 대뇌의 일부가 살아 있다고 할 수 있습니다. 그런데 의학적으로 대뇌가 활동한다는 건 뇌의 다른 부분, 즉 뇌간이 정상적으로 활동한다는 걸 전제로 합니다. 따라서 좀비는 죽은 것이 아니라 살아 있는 상태지요.

참고로, '몽유병'이라고도 부르는 '수면보행증' 환자는 좀비와 비슷한 상태라고 할 수 있습니다. 이 병을 앓는 사람은 자고 있는 상태에서 눈을 뜨고 앞을 바라보거나, 문을 열고 걸어 나가기도 합니다. 심하면 다른 사람을 깨물거나 목을 조르는 등 공격적인 행동도 보이지만, 깨고 나선 아무 기억이 없습니다. 수면보행증은 현재 정확한 원인이 밝혀지지 않았습니다. 유전적 소인도 일부 있고, 스트레스나 호르몬의 변화 혹은 약물에 의해서도 일어나는 것으로 알려져 있을 뿐이죠.

과학자들의 끊임없는 소생 시도

좀비는 걸어 다니는 시체들로, 땅속에 묻혀 있기를 거부하고 다시 움직이기 위해 살아 있는 사람들을 잡아먹는다고 합니다. 죽은 사람이 되살아나다니 과학적으로 말도 안 되는 이야기 같죠? 그런데 몇몇 과학자들은 시체를 살려내고자 여러 시도를 했답니다.

19세기 초반 이탈리아 과학자 조반니 알디니Giovanni Aldini는 사형수의 시체에 전기 충격을 줘서 되살리려고 했습니다. 시신에 강한 전기 충격을 주었더니, 정말 살아 있는 것처럼 경련을 일으켰다고 해요. 죽은 지 얼마 되지 않아 근육이 경직되지 않으면 전기 충격으로 경련이 일어날 수 있다는 걸 몰랐던 당시 사람들은 꽤 충격을 받았지요.

또 1932년 로버트 코니시Robert E. Cornish라는 생물학자도 죽은 사람을 살리는 실험을 계획했습니다. 그는 최근에 사망한 사람의 혈액에 에피네프린(아드레날린)과 항응고제를 섞은 액체를 흐르게 하면 되살아날 수 있다고 생각했죠. 1934년과 1935년, 그는 동물실험을 통해 두 마리의 죽은 개를 '잠시' 소생시키는 데 성공했습니다. 항응고제는 피가 굳는 걸 막고, 에피네프린은 근육에 작용해서 잠시 경련을 일으킬 수 있는데 이를 보고 살아났다고 착각한 거죠. 이후 코니시는 사람의 시신으로 직접 실험하고 싶어 했으나, 캘리포니아 당국에서 이를 금지시켰다고 합니다.

죽은 사람을 살리고 싶은 바람을 담은 실험은 지금도 계속해서 진행되고 있습니다. 예일대학교의 과학자들은 죽은 돼지의 뇌를 되살려내기 위한 실험을 진행 중입니다. 그들은 죽은 지 네 시간 지난 돼지 32마리에게서 뇌를 분리해, 그 안에 혈액을 모방한 특수 용액과 산소를 주입했습니다. 그러자 뇌세포의 죽음이 늦춰지고 일부 뇌 활동이 회복되었습니다. 하지만 살아난 건 아니었습니다. 뇌가 의식을 차릴 때 나타나는 뇌파는 전혀 탐지되지 않았으니까요.

자연스럽게 여러 의문이 떠오릅니다.

우리가 '죽었다'라고 말할 수 있는 기준은 과연 뭘까요?

또 아무리 죽었다 하더라도 동물을 이런 실험에 사용하는 것은, 문제가 없는 걸까요?

더 알아보자!

동물계의 좀비인 연가시는 왜 알을 많이 낳을까?

기생충인 연가시는 다른 동물을 좀비로 만들어 조종하는 것으로 유명합니다. 정말 그럴까요?

연가시 성충은 물속에 적게는 몇십만 개, 많게는 2700만 개가량의 알을 낳습니다. 알에서 부화된 연가시 유충은 '1차 기생 대상'에게 먹힙니다. 물에서 어린 시절을 보내는 모기의 유충인 장구벌레나 하루살이 유충, 날도래나 강도래 등의 유충이 그 대상이죠. 그들의 몸 안에서 연가시 유충은 일종의 번데기인 '포낭'이 됩니다. 그리고 자기를 잡아먹은 유충이 성충이 되기를 기다리죠.

성충이 된 모기나 강도래, 하루살이들은 물 밖을 나가 돌아다니다가 사마귀나 여치, 바퀴벌레와 같은 육식 곤충에게 먹히곤 하는데요. 그러면 연가시는 비로소 포낭을 벗고, 이제 '2차 기생 대상'인 곤충의 내장 안에서 성장합니다. 그리고 번식을 할 만큼 충분히 성장하면, 곤충을 조종해서 물에 빠지게 만듭니다.

여기까지는 연가시 관련 괴담에 나오는 내용과 같지요. 그래서 연가시는 자기를 먹은 생물을 좀비로 만들어 조종한다고들 이야기 합니다만, 이는 사실이 아닙니다.

연가시는 곤충의 뇌를 직접 '조종'하지 않습니다. 내장 안에서 숙주의 체온이 높아지도록 만들 뿐입니다. 뜨거워진 숙주는 체온을 내리려고, 시원한 물을 찾아 빠지게 되는 것이고요. 여하튼 숙주가 물에 빠진 것이 확인되면, 즉 곤충의 체온이 내려가면 연가시는 항문이나 입을 통해, 아니면 직접 구멍을 내어 빠져나옵니다.

대단히 무시무시한 생물처럼 보이지만, 연가시는 사실 매우 취약해서 성충이 될 때까지 살아남기가 쉽지 않습니다. 일단 알이 부화되기 전에 먹히면, 그냥 죽습니다. 유충이 된 다음에 먹혀야 기생하면서 성장할 수 있는 것이죠. 그런데 연가시가 낳은 알은 99퍼센트 이상 부화 전 물속에 사는 다른 동물의 먹이가 됩니다. 즉 알 중 1퍼센트 정도만 살아남는 겁니다.

또 유충 상태에서도 아무에게나 먹히면 안 됩니다. 곤충과 같은 절지동물에게 먹혀야 합니다. 물고기 먹잇감이 되면 소화되어 사라지거든요. 문제는 새, 개구리 혹은 작은 포유류도 연가시를 먹는다는 사실입니다. 그러면 더더욱 살아남을 수 없죠. 척추동물의 위장에선 아주 강한 산인 염산이 나오기 때문에, 연가시 유충이 그냥 녹아버리거든요.

즉 연가시가 살아남으려면 무사히 유충이 된 뒤, 오로지 수생 곤충에게 먹히고, 다시 그 수생 곤충이 육식 곤충에게 먹혀야 합니다. 이 과정에서 연가시가 스스로 할 수 있는 일은 아무것도 없습니다. 그저 운에 맡기는 거죠. 그래서 여기까지 성공하는 건 아주 소수에 지나지 않습니다. 또한 육식 곤충이 물을 찾지 못하고 육지에서 죽으면, 몸을 뚫고 나온 연가시는 금방 말라서 죽어버리고 맙니다. 이래저래 마지막까지 살아남는 연가시는 아주 적을 수밖에요. 연가시가 알을 무지하게 많이 낳는 이유입니다.

언뜻 무시무시한 조종자처럼 보이는 연가시지만, 사실 고달픈 삶을 사는 거죠. 연가시뿐 아니라 대부분 기생생물들의 삶이 쉽지 않습니다. 그렇다고 동정할 필요도 없습니다. 기생생물들이 정말 잘 살아남고 후손을 많이 퍼트리면, 이제 숙주가 되는 생물들이 기생생물에 의해 다 죽어버려서 기생생물조차도 멸종할 수밖에 없습니다. 연가시처럼 생존율이 낮아야 숙주도 어느 정도 개체수가 유지되죠. 숙주가 있어야 사는 기생생물의 숙명이라고나 할까요?

Q 20세기 이후, 사망을 판별하는 기준은?

A

1) 심장이 멈춘다.

2) 뇌 기능이 정지한다.

3) 걸을 수 없다.

4) 먹을 수 없다.

답: 2)

3. 폴터가이스트:

우리가 감지하지 못하는 진동

남수의 원룸에 숨은 무엇

남수는 대학생이 되어 처음 서울에 올라왔다. 입학이 결정되고 미리 부모님과 같이 상경해 학교 앞 원룸을 계약했는데, 냉장고와 인덕션, 드럼세탁기, 에어컨 등이 구비된 방이었다.

그리고 이삿날. 짐이라고 해봤자 옷가지와 이불, 그리고 노트북이 전부였다. 첫날은 부모님과 가까운 식당에서 저녁을 먹고 원룸에서 같이 자며 이런저런 이야기를 나누었다.

악몽은 부모님이 내려간 다음 날 밤부터 시작됐다.

10시쯤 자려고 침대에 누운 남수. 눈을 감고 잠이 들려는 순간, 뭔가 툭 떨어지는 소리가 책상 부근에서 들린다. 불을 켜니 책상 위에 둔 지갑이 방바닥에 떨어져 있다. 지갑을 다시 올려놓고 눈을 감지만 한번 달아난 잠은 쉽게 오질 않는다. 이불을 둘러쓰고 몇 분이나 지났을까? 잠이 살살 오기 시작할 때 툭, 쨍! 하며 뭔가가 깨지는 소리가 난다. 화들짝 놀라 다시 불을 켜니, 이번엔 벽에 걸어둔 액자가 떨어져 유리가 깨져 있다.

다음 날에도 비슷한 일이 일어난다. 벽에 걸어둔 옷이 떨어지고, 책상 위 노트북이 저 혼자 덜덜 떤다.

그다음 날도 마찬가지. 며칠째 같은 일이 반복되자 남수는 집에 들어가기가 두려워진다.

그렇게 일주일을 뜬눈으로 지새운 남수. 점심시간 같이 밥을 먹던 동기들에게 밤마다 일어나는 괴현상을 이야기한다. 그중 두 명이 재미있겠다며 같이 자겠다고 나선다. 친구들과 같이 공부도 하고, PC방에서 게임도 하고, 느지막이 집에 들어간다. 그런데 친구들이 오니 아무런 일도 일어나지 않는다. 다음 날에도 친구들이 함께 잤지만 아무 일도 없다. 친구들은 남수가 뭘 잘못 생각한 거라며 웃는다.

그러나 그다음 날 다시 혼자 잠을 자려 하자, 같은 현상이 일어난다. 또 옷이 떨어지고, 책상 위 지갑이며 볼펜이 떨어진다. 다시 친구들을 불렀지만, 이번에도 친구들이 있을 때는 아무 일도 일어나지 않는다.

남수는 미칠 것 같다. 혼자 있을 땐 집 안 물건들이 온통 난리를 부리는데, 누군가가 같이 있으면 아무런 일도 일어나지 않으니까.

고민 끝에 남수는 휴대폰으로 밤새 집 안을 촬영하기로 결심한다. 밤이 되자 물건들이 마치 혼이라도 깃든 것처럼 자기 멋대로 움직였고, 이 장면은 고스란히 휴대폰에 저장된다. 남수는 자신의 말이 거짓이 아니라며 촬영한 동영상을 인터넷에 올린다.

인터넷에서 남수의 동영상을 본 사람이 메신저로 혹시 주소가 ○○구 ○○동 ○○번지 아니냐고 묻는다. 어떻게 알았냐고 하니까, 자기가 거기 살았다고, 자기도 그런 일이 일어나서 이사했다고 말한다.

남수는 도저히 이 집에서는 살 수 없다고 판단한다. 결국 부모님과 상의한 뒤 집주인에게 나가겠다고 말한다. 집주인은 계약한 지 얼마 지나지 않았는데 나가겠다는 남수에게 “대신 들어올 사람을 구해야 보증금을 줄 수 있다”고 말한다. 하지만 이미 남수의 집은 인터넷 곳곳에 ‘귀신의 집’으로 소문이 나버렸다. 이 집에서 살겠다는 사람을 찾을 수 없었지만, 그곳에서 도저히 잘 수 없던 남수는 결국 고시원으로 들어간다.

그리고 두 달 뒤 끔찍한 사실이 밝혀진다. 남수가 살던 층 아래 반지하 방이 있었는데, 거기 살던 사람이 죽었다는 이야기였다. 방세를 계속 내지 않아 이상하게 여긴 집주인이 문을 따고 들어가보니, 극단적 선택을 한 지 석 달이 넘은 상태였다고 한다.

왜 혼자 있을 때만 나타나지?

✢

한번 상상해보세요. 커피나 음료수를 담은 컵이 누가 만지지도 않았는데 혼자 덜덜 떤다면, 어떤 기분이 들까요? 벽에 걸린 시계가 갑자기 툭 떨어져 부서진다면 어떨까요? 집에서 그런 일을 좀 경험해봤다고요? 그러면 이건 어때요? 벽 안에서 무엇인가가 울부짖는 소리가 들린다면? 아마 다들 겁을 먹을 겁니다.

사물이 갑자기 스스로 움직이거나 소리를 내는 현상 등을 '폴터가이스트'라고 합니다. 독일어로 '시끄러운 영혼'이란 뜻을 지닌 말이라고 해요. 이런 현상을 유령이 일으키는 거라 생각했던 시절에 붙은 이름입니다.

신기하게도 폴터가이스트를 목격한 사례들을 살펴보니, 혼자 있었던 경우가 대부분이라고 합니다. 두 명 이상이 이 현상을 겪은 경우가 없진 않지만, 굉장히 드뭅니다. 왜 폴터가이스트는 혼자 있을 때 주로 나타나는 걸까요?

쉽게 생각해보면, 그런 현상을 겪었다고 거짓말을 하는 것일 수도 있겠죠. 혼자 겪은 일이니 증명할 방법도 없고, 증명하지 못한다고 하더라도 큰 문제가 되지는 않을 테니까요. '거짓말을 해서 무슨 이익을 얻겠다고' 하는 생각이 들 수 있지만, 적어도 사람들의 주목을 끌 수는 있죠. 여하튼 폴터가이스트를 목격했다고 말하는 사람들은 다른 사람과 함께 있으면, 같은 현상을 경험하지 못하는 경우가 대부분입니다.

그런데 요즘은 폴터가이스트를 '증명'하는 사람들이 늘어났습니다. 20세기 중반 정도까지만 하더라도 자신이 그런 현상을 겪었다고 말하는 것이 대부분이었지만, 요즘에는 CCTV나 휴대폰으로 찍은 영상이 등장한 거죠. 하지만 영상 전문가들이 판독해보면 폴터가이스트를 촬영한 영상은 대부분 조작된 것이라고 합니다. 유튜브 등에 떠도는 폴터가이스트 영상 중 90퍼센트 이상이 조작이라고 단언하는 전문가도 있습니다.

물론 모든 폴터가이스트를 거짓이라고 단언하기는 어렵습니다. 거짓이라며 그냥 넘기기에는, 이 현상을 경험했다는 사람들이 정말 많거든요. 만약 폴터가이스트 경험자가 거짓말을 하는 것이 아니라면, 왜 혼자 있을 때만 유독 그런 일을 겪는 걸까요? 어쩌면 그것은 초자연적 현상이 아닐 수도 있습니다. 과학으로 설명 가능한 현상인데, 당사자가 이를 몰라서 오해하는 것일 수도 있다는 말이죠.

가만히 있던 물체가 갑자기 움직이는 과학적 이유를 생각해 보면, 먼저 지진이 떠오릅니다. 사람마다 진동에 민감한 정도가 다르다보니, 누군가 쉽게 느끼는 지진의 진동을 어떤 사람은 잘 느끼지 못할 수 있습니다. 이런 경우 목격자는 폴터가이스트라고 의심하기에 충분하죠. 다른 사람과 같이 있었다면, 지진을 느낀 사람이 유령의 장난이 아니라고 알려줄 수도 있었을 겁니다. 하지만 혼자 있는데 지진을 느끼지 못한 상태에서 물체의 움직임을 본다면, 두려움이 너무 커져서 냉정하게 판단하기 어렵겠죠.

우리나라의 경우 지진이 드물지만, 이웃 일본만 하더라도 지진이 흔한 편입니다. 상대적으로 진도가 약한 지진이 자주 일어나는데, 그래서 아무 이유 없이 물건이 흔들린 것처럼 느껴질 때도 있답니다.

물체마다 다른 고유 진동수

꼭 지진이 아니라도, 물체를 움직이는 진동이 일어날 수 있습니다. 예를 들어 먼 곳에서 지하철 공사를 하는 경우가 있겠죠.

또 주변에서 집을 철거하는 등 큰 소리가 나면 물체가 움직입니다. 실제 한 TV 프로그램에서 오직 소리로만 유리잔을 깨는 현상을 재현한 적이 있습니다. 귀를 막아야만 할 정도의 큰 소리도 아닌데, 유리잔이 깨졌죠. 바로 '공명 현상' 때문입니다.

모든 물체는 고유의 진동수를 가지고 있습니다. 이 고유 진동수와 동일한 진동수의 음파나 진동이 물체에 닿으면, 공명 현상이 일어납니다. 진동의 폭이 커지는 것이죠. 폭이 커지면 에너지도 커집니다. 그리고 이렇게 커진 에너지가 유리 정도는 우습게 깨버리는 거죠.

이런 실험을 할 때는 우선 유리잔의 고유 진동수를 확인합니다. 그리고 동일한 진동수의 음파를 쏘아줍니다. 유리잔은 처음에는 가만히 있다가, 공명에 의해 진폭이 커지면 부르르 떨다가 깨져버립니다. 이때 고유 진동수가 우리가 들을 수 있는 소리의 범위를 벗어난다면, 우리는 유리잔이 갑자기 저절로 깨진다고 생각하게 되겠죠.

유튜브에는 탁자 위 물체가 움직이는 모습, 또 진열대에 놓인 인형이 원을 그리며 도는 모습 등이 담긴 영상들이 있습니다. 소리도 없고 물리적 힘을 가하지도 않는데 움직이는 물체를 보면, 폴터가이스트 현상이 있는 것 같습니다.

하지만 이것도 진동으로 설명할 수 있습니다. 인간이 느끼기 힘든 아주 작은 진동이 탁자나 진열대를 통해 전달되는 것이지요. 특히 세로로 긴 인형 같은 물체는 무게중심이 위에 있기 때문에, 우리가 느낄 수 없는 미세한 진동으로도 잘 흔들립니다. 그래서 세워놓은 인형은 눕힌 인형보다 더 쉽게 흔들리고, 심지어 원래 있던 자리에서 빙글빙글 돌기도 합니다. 집 옆을 지나가는 대형 트럭이 만드는 진동 정도로도 충분히 이런 일이 일어나지요.

그럼에도 불구하고, 폴터가이스트 현상이 분명 존재한다고 주장하는 사람이 있을지 모르겠네요. 주변에 정말 아무런 진동도(진동을 일으킬 원인도) 없는데 물건이 저절로 움직인다면서요. 하지만 이 역시 과학으로 설명할 수 있습니다. 그렇게 느끼는 이유는 우리 감각기관의 특징 때문입니다. 인간의 감각기관은 어떤 자극이 일정 시간 이상 계속되면, 그에 둔감해지도록 만들어졌습니다. 그래서 진동이 계속 이어지고 있지만, 그를 알아채지 못하는 겁니다. 다시 말해 둔감한 감각기관 때문에 물체만 움직이는 듯이 느끼는 거죠.

물체를 움직이는 또 다른 원인은 열입니다. 컵에 뜨거운 물을 부으면, 아래쪽에 갇혀 있던 공기가 뜨거워지면서 부풀어 오릅니다. 마치 열기구처럼 말이지요. 이렇게 되면 컵 아래와 탁자 사이가 살짝 뜨게 됩니다. 컵 아래쪽에 갇혀 있던 공기가 그 틈으로 빠져나가고, 컵은 공기가 빠져나가는 반대 방향으로 움직이죠. 추운 겨울 음식점에서 컵에 뜨거운 물이나 국물을 따를 때 자주 볼 수 있는 현상입니다.

아리스토텔레스를 지나 뉴턴까지

투수가 던진 공을 쳐서 안타로 만들려면 배트가 공에 닿아야 하고, 잼을 바른 식빵을 떨어뜨리면 어떻게든 손으로 잡아야 바닥에 닿기 전에 멈출 수 있죠. 날아가라고 말한다고 공이 저절로 날아갈 리 없고, 멈추라고 이야기해봤자 빵이 말을 들을 리 없습니다. '너무 당연한 거 아냐'라고 다들 생각할 겁니다.

이처럼 물체를 움직이려면 그 물체에 닿아야 한다는 건 일상에서 자연스럽게 겪어 알고 있는 상식입니다. 고대 그리스의 과학자이면서 철학자였던 아리스토텔레스는 이런 생각을 정리해서 "어떤 물체의 운동을 변화시키려면 직접 닿은 상태에서 힘이 작용해야 한다"라고 이야기했습니다. 이 생각은 2000년 동안 서양에서 당연한 원리였습니다.

아리스토텔레스가 살았던 당시에도 폴터가이스트처럼 물체가 저절로 움직이는 현상과 그에 대한 의문이 없었던 것은 아닙니다. 가령 내가 던진 공이 허공에서 점차 아래로 내려오며, 포물선을 그리는 걸 생각해봅시다. 아무것도 없는 공중에서 공의 방향이 바뀐다는 건 무엇인가 힘이 작용했다는 뜻이고, 그렇다면 공에 직접 접촉하지 않고 방향을 바꾸는 힘이 존재하는 것은 아닐까 생각할 수 있지요. 물론 아리스토텔레스는 그렇지 않다고, 공중에 있는 공기가 물체에 힘을 전달한다고 주장했지요. 하지만 모두 아리스토텔레스의 의견에 동의한 건 아니었습니다.

특히 자석이 문제였습니다. 당시 사람들은 자석을 만들지는 못했지만, 자연 상태에서 발견되는 자석의 성질은 잘 알고 있었지요. 강한 자석은 직접 접촉하지 않아도 철로 된 물질을 잡아끕니다. 아리스토텔레스도 자석에 대해서는 설명하기가 어려웠는지, 별다른 이야기를 남기지 않았습니다. 그런데 자석이 물체에 힘을 가하는 것은 아주 좁은 범위였습니다. 한 1미터 정도만 떨어져도 자력이 작용하지 않았죠. 그러니 아주 짧은 거리에서의 예외적 현상 정도로 치부할 수 있었습니다. 게다가 아리스토텔레스의 말이 워낙 권위가 있었고, 또 100가지 현상 중 99가지는 설명할 수 있었기 때문에 '운동을 변화시키려면 직접 닿은 상태여야 한다'는 주장은 오랫동안 인정받았습니다.

그런데 어느 날 상황이 바뀝니다. 르네상스가 끝날 무렵 코페르니쿠스가 지동설을 주장하죠. 뒤이어 케플러와 갈릴레이 등이 태양을 중심으로 행성들이 공전하는 태양계 모델을 발표하고, 그 증거를 보여줍니다. 그러면서 과학자들은 행성들이 태양 주위를 돌게 만드는 힘이 무엇인가에 대해 고민하기 시작합니다. 당시 유명한 과학자였던 데카르트나 하위헌스 등은 우주에 가득한 '에테르'란 물질이 그 이유라고 주장했습니다. 에테르가 태양을 중심으로 돌면서 만들어내는 원심력에 의해 행성들이 움직인다는 거였죠.

하지만 17세기 말 뉴턴이 만유인력의 법칙을 발표하면서 이런 주장은 힘을 잃습니다. 뉴턴에 따르면 행성들이 태양 주위를 도는 이유는, 태양과 행성 사이에 아주 먼 공간을 두고 작용하는 중력 때문이었습니다. 중력은 서로 접촉하지 않아도 작용하는 힘이지요. 사과나무에서 사과가 떨어지는 것도 중력 때문입니다. 사과와 지구는 떨어져 있지만 서로 끌어당기는 중력에 의해 상호작용을 합니다. 우주를 움직이는 가장 중요한 힘이 직접 닿지 않고 작용한다는 사실이 밝혀진 거죠.

폴터가이스트 현상은 없다

그리고 전기도 물체에 접촉하지 않은 상태에서 작용한다는 사실이 과학자들에 의해 밝혀집니다. 이전까지 전기는 물체를 서로 마찰시켜서 얻는 마찰전기나, 손을 가까이 대면 느껴지는 정전기 정도만 알려졌습니다. 하지만 곧 방전 현상의 원리가 밝혀지고, 또 벼락은 하늘의 구름과 땅의 상호작용이란 것이 드러나게 됩니다. 세계를 움직이는 근본적인 세 가지 힘, 즉 중력·전기력·자기력이 모두 원격으로 물체에 영향을 미칠 수 있다는 사실이 밝혀진 것이죠(이 중 전기력과 자기력은 전자기력이라는 하나의 힘으로 합쳐집니다).

20세기 들어서 전자기력과 중력 말고도 근본적인 힘 두 가지가 드러납니다. 핵분열을 가능하게 하는 약한 상호작용, 원자핵이 부서지지 않고 단단하게 묶여 있게끔 해주는 강한 상호작용이 그것입니다. 그런데 이 두 힘 또한 서로 떨어진 상태에서 작용하죠. 이제 세계를 변화시키는 모든 힘이 떨어진 상태에서 작용한다는 것은 상식이 되었습니다.

현대에는 폴터가이스트처럼 물체가 저절로 움직이는 듯이 현상을 과학적으로 쉽게 만듭니다. 가령 아주 강력한 자기장을 만들면, 열차처럼 무거운 물체도 저절로 뜰 수 있습니다. 또 액체 헬륨의 온도를 거의 절대영도까지 내리면, 아무런 조작을 하지 않아도 헬륨이 컵을 타고 올라가서는 바깥으로 빠져나가는 모습을 관찰할 수 있지요. 전자현미경을 이용하면, 눈에 보이지도 않는 원자를 원격으로 조종해서 글자를 새길 수도 있습니다. 이런 과학기술의 성취는 폴터가이스트 현상을 오히려 귀엽게 느끼도록 만들 정도입니다.

더 알아보자!

과학과 미신 사이

괴담을 소개하는 글을 읽다보면 '현대 과학으로도 풀 수 없는 현상'이라는 말을 덧붙인 경우가 흔히 있습니다. 폴터가이스트 현상도 그렇고, 버뮤다 삼각지대의 수수께끼 같은 경우도 그렇지요. 앞에서 폴터가이스트는 조작이거나 현대 과학으로 충분히 설명 가능한 현상이라고 말했지만, '모두' 대신 '대부분'이라는 표현을 썼습니다.

제가 모든 폴터가이스트를 직접 확인한 것도 아니고, 그 분야의 전문가도 아니니 '모든'이라는 단정적인 말을 쓸 수 없었기 때문입니다. 또한 현대 과학으로 설명이 불가능한 현상이 존재할 가능성은, 언제나 열려 있기 때문이죠. 하지만 이것이 폴터가이스트 같은 초자연적 현상이 흔하다든가, 과학 이외의 다른 설명 방법이 존재한다는 뜻은 아닙니다.

가령 우리는 17세기가 되기 전에는 중력이라는 힘에 대해 몰랐습니다. 뉴턴이 중력을 발견한 뒤로도 전기력과 자기력이 정확히 어떤 원리로 움직이는지 알지 못했습니다. 19세기를 지나면서야 비로소 전기력과 자기력이 하나의 힘이고, 어떤 원리인지 파악하게 되었죠. 19세기 말이 되자 많은 사람들은 이제 물리학의 근본원리는 모두 안다고 생각하게 되었습니다.

하지만 20세기가 되자 뉴턴의 물리학이 세상의 모든 일을 설명할 수 없다는 사실이 밝혀졌죠. 기존의 중력이론 대신 특수상대성이론과 일반상대성이론이란 새로운 이론이 더 정확하게 세계를 설명하게 됩니다. 여기에 양자역학도 등장합니다. 그러면서 세계의 근본적 힘에 중력과 전자기력뿐 아니라 강한 상호작용과 약한 상호작용도 추가됩니다.

20세기 과학의 발달은 아주 눈부셨고, 여전히 과학적 발견이 계속되고 있지만 아직도 세상 모든 것을 다 설명할 수 없습니다. 이는 과학과 지식이 갖는 한계입니다. 우리가 아무리 과학으로 접근한다 해도, 우주에 존재하는 모든 현상을 전부 이해할 수는 없습니다. 하지만 과학의 발달은 삶에서 벌어지는 일들을 '신비'가 아닌 '현실'로 이해하게끔 돕습니다.

그래서 고대 그리스의 아리스토텔레스보다는 16세기의 뉴턴이 세계에 대해 좀더 잘 이해했고, 16세기의 뉴턴보다는 20세기의 아인슈타인이 세계를 좀더 잘 이해했습니다. 그리고 21세기의 우리는 이전의 어떤 사람들보다도 세계에 대해 더 잘 이해하게 되었지요. 그럼에도 아직 모든 것을 알지 못합니다. 그래서 초자연현상에 대해 대부분 과학으로 설명할 수 있지만, 설명할 수 없는 것이 여전히 남아 있다고 말하는 것이죠.

하지만 앞서 이야기했듯 과학이 아직 설명하지 못한다는 사실이 '유령'이나 '초자연적 존재'를 증명하는 것은 아닙니다. 폴터가이스트에 대한 초자연적 설명을 과학적으로 분석해보면, 여기저기 허술한 지점과 잘못된 부분이 드러납니다. 과학으로 설명할 수 없는 현상이 있는 것이지, 그에 대한 비과학적 설명이 옳은 것은 아니라는 뜻입니다.

Q 다음 중 폴터가이스트를 과학적으로 설명하지 못한 것은?

A

1) 혼자만 알아볼 수 있는 현상이다.

2) 지진 때문이다.

3) 물체의 고유 진동수가 맞을 때 일어난다.

4) 열 때문에 발생하기도 한다.

답: 1)

4. 유령:

뇌의 장난 혹은 착각

할머니의 원한

한 시간 전 공장에서 주물 통을 연결한 부분이 깨지면서, 쇳물이 쏟아지는 사고가 일어났다. 그로 인해 외국인 노동자 세르베르 제파로프는 등과 오른팔을 크게 다쳤다. 세르베르는 쓰러졌고, 동료들은 급하게 택시를 불러 병원으로 향했다. 그에 대한 걱정과 염려로 공장 사람들은 일이 손에 잡히지 않았다. 사장에게 전화로 사고를 보고하고 얼마 후, 현장에 내려온 공장장 김 씨는 사람들에게 소리를 질렀다.

"일을 하다보면 다칠 수도 있지. 뭘 새삼스럽게 그러고 있어! 다들 일 안 해? 빨리 일들 시작하라고. 일을 해야 돈을 받지. 자, 빨리 일들 해."

사람들은 다시 일하기 시작했다. 세르베르는 다행히 목숨은 구했지만, 심한 화상으로 한 달여를 입원했다가 결국 귀국길에 올랐다. 다친 오른팔을 쓸 수 없어 더 이상 일하기가 불가능했기 때문이다.

사고 후 한 달이 지났을 무렵, 공장에서 이상한 일이 발생했다. 아침에 출근하면 주물 통이 뒤집어져 있거나, 자재 창고에 쌓아둔 철근이 흩어져 있는 식이었다. 처음에는 우연이라 여겼지만 매일같이 수상쩍은 일이 생기자, 사람들은 유령이 나타났다고 수군거리기 시작했다. 세르베르가 죽어서 유령이 되어 공장에 나타났다고, 이 공장은 유령 때문에 곧 문 닫을지도 모른다는 소문이 돌았다. 그렇지 않아도 사장에게 야단을 맞아 스트레스가 많았던 공장장 귀에도 소문이 들어갔다. 다음 날 아침 공장장은 사람들을 모아놓고 말했다.

"잘 들어. 내가 세르베르와 통화했어. 세르베르는 우즈베키스탄에서 잘 살고 있어. 안 죽었어. 다들 세르베르가 죽었다는 둥 유령이 되었다는 둥, 쓸데없는 말이 많은데 그게 말이 돼? 산 사람이 어떻게 유령이 되겠어. 열심히 일이나 하라고. 밤에 누가 장난치는지 내가 잡고 말 거야."

그날 밤, 공장장은 과장과 함께 밤을 새우기로 했다. 혹시 범인이 덤벼들지도 모르니 몽둥이도 준비했다. 둘이 공장 옆 사무실에 앉아 자다 깨다 하던 중 갑자기 쿵 하는 소리가 들렸다. 사무실 문을 열고 나가보니 주물 통이 엎어져 있었다. 그리고 그 옆에는 웬 할머니가 매서운 눈초리로 공장장을 바라보고 있었다.

"당신 누구야!"

공장장이 소리쳤다. 할머니는 공장장을 뚫어지게 보면서 말했다.

"네가 그 악덕 공장장이냐? 내 손자 세르베르가 다쳤는데도 불법체류라고 산업재해보상도 해주지 않았다지? 의사가 화상 전문 병원으로 보내라고 했는데, 돈이 많이 든다고 내버려뒀다며? 다 낫지도 않았는데 다쳤다고 내쫓아? 내가 얼마나 기막히든지 너무 화가 나 심장마비로 쓰러졌다. 차라리 잘됐어. 죽었으니까 유령이 되어 복수할 수 있잖아. 너 공장장, 무슨 낯짝으로 세르베르에게 전화한 거야. 이놈들, 너희들 죽을 때까지 따라다니며 복수할 테다. 두고 봐라. 편하게 죽지 못할 거야. 죽을 때까지 쫓아다닐 테다."

공장장과 과장은 얼음처럼 굳어버린 채 아무 말도 하지 못했다. 그리고 말을 마친 할머니는 몸 전체가 희미해지며 사라졌다. 편하게 죽지 못할 거라는 할머니의 경고는 이후로도 계속 공장장의 머릿속에서 떠나지 않았다.

이승을 떠나지 못하는 것들

죽은 사람의 영혼이 저세상으로 가지 못하고, 이 세상에 남아 있으면 '유령'이라고 합니다. 그런데 유령을 뜻하는 단어는 여러 개가 있습니다. 우리말에서도 '유령' '악령' '망령' '원혼' '원귀' '허깨비' '귀신' 등 다양한 용어가 사용되죠.

이토록 다양한 표현이 존재하는 것은 그만큼 많이 쓰였다는 증거이기도 합니다. 지금도 그렇지만, 예전에는 사람에게 영혼이 있다고 믿는 이들이 많았지요. 그렇다면 죽은 사람의 영혼은 어떻게 되느냐는 의문이 자연히 떠오릅니다. 많은 종교에서 죽은 이의 영혼은 자기들끼리 모여 사는 장소인 사후 세계, 즉 천국이나 극락, 저승, 지옥, 명계 등으로 간다고 생각했습니다. 하지만 일부 영혼은 저승으로 가지 못하고, 이승을 떠돌게 되는데 이를 유령이라 했죠.

유령 혹은 영혼은 정말 존재하는 걸까요? 일단 유령을 보기 위해서는 세 가지 전제 조건이 필요합니다.

가장 먼저 영혼이 있어야 하는데, 그러려면 인간이 영혼과 육신으로 나뉠 수 있어야 합니다. 두 번째로 육체를 떠난 영혼이 독자적으로 존재할 수 있어야 합니다. 세 번째로 유령이 살아 있는 사람의 눈에 보여야 합니다.

결론부터 말하자면, 이 세 가지 모두 과학적으로 증명할 수 없습니다. 하지만 과학자들이 유령은 존재할 수 없다고 주장해도, 유령을 봤다는 사람들의 목격담은 예부터 지금까지 꽤 많습니다. 대체 어떻게 유령을 보는 것일까요?

다양한 이유가 있겠지만, 그중 하나는 파레이돌리아Pareidolia 때문입니다. 파레이돌리아는 전혀 관련이 없는 모습에서 일정한 패턴을 추출해 다른 모습을 떠올리는 인간의 뇌와 이에 의한 오류를 뜻합니다. 가령 콘센트의 플러그를 꽂는 구멍 두 개와 접지를 위해 뚫은 구멍이 합해서 세 개가 마치 웃는 얼굴처럼 보이는 거죠. 인간의 뇌는 역삼각형의 세 꼭짓점에 해당하는 위치에 뭔가가 있으면, 얼굴이라고 생각하도록 학습되어 있습니다. 아주 옛날부터요.

인간은 영장류 시절부터 집단생활을 했습니다. 열대우림에 살 때였죠. 모여 있으면 다른 동물이 해를 끼치기 힘들었거든요. 그래서 살아남으려면 집단생활에 잘 적응할 필요가 있었습니다.

그리고 이를 위해서는 동료들의 표정을 통해 감정을 읽는 일이 중요했죠. 사람들의 감정을 잘 살피고 파악해야 그들과 원활하게 더불어 살 수 있었으니까요. 우리 뇌가 몇 가지 특징을 토대로 감정을 읽는 능력을 발달시킨 이유입니다. 콘센트의 아랫부분이 웃는 입처럼 보이는 것도 그 때문이죠.

이모티콘도 우리 뇌의 이런 특징 덕분에 존재합니다. 가령 T.T는 우는 표정, ^^는 웃는 모습, @.@는 놀란 모습이 되는 건 우리 뇌가 눈이나 입 등의 특징을 잡아 감정을 이해하는 방식으로 진화되었기 때문입니다. 감정이 가장 잘 드러나는 곳은 얼굴 중에서도 특히 눈과 입이거든요. 따라서 우리 뇌는 눈과 입에 해당하는 위치에 뭔가 있으면, 사람 얼굴이라고 자동적으로 연상하는 거죠. 그래서 우리는 분명 아닌 줄 알면서도, 이모티콘이나 콘센트 그리고 바닥에 찍힌 점, 낙엽에 뚫린 구멍, 달의 얼룩에서 사람 얼굴을 봅니다.

또한 뇌는 여러 사물의 특징을 빠르게 발견한 후 사물을 인식하는 방향으로도 진화했습니다. 인간처럼 외부 정보의 80퍼센트를 눈으로 받아들이는 경우, 얼마나 빠르게 사물을 인식하느냐가 생존에 굉장히 중요하거든요. 그래서 구름 모양에서 산·배·새를 연상하기도 하고, 달의 희미한 얼룩에서 토끼를, 태양의 까만

점에서 세 발 달린 까마귀를 떠올리기도 합니다.

즉 사고 현장의 먼지 속에서 유령이나 악마를 보았다거나, 폐가에서 유령을 발견했다는 목격담의 대부분은 뇌가 진화하는 과정에서 만들어낸 파레이돌리아가 일으킨 착각이라고 할 수 있습니다. 우리가 유령을 볼 때 혼자인 경우가 많은 것도 이와 연관이 있습니다. 앞서 언급한 폴터가이스트 현상처럼, 둘 이상이 있으면 한 사람이 어떤 물건을 사람 얼굴이라고 착각해도 다른 사람이 그게 아니라는 걸 알려줄 수 있죠. 또 혼자 있으면 공포감이 더욱 커지기 때문에 어떤 물체가 마치 유령처럼 느껴지는 거죠.

유령이 하얀 이유

특히 어두운 곳에서 이런 특징이 잘 나타나지요. 어두컴컴한 골목을 지날 때 바람에 날리는 까만 비닐봉지를 보고 고양이인 줄 안다거나, 밤길을 걸을 때 어른거리는 그림자를 보고 낯선 이가 다가온다고 착각한 경우가 있을 겁니다. 밤에, 혹은 어두운 곳에서 유령을 보는 이유는 우리가 예민해지기 때문입니다. 인간은 외부 정보의 80퍼센트를 눈(시각)을 통해 얻습니다. 빛이 있는 낮에는 시각이 활발히 활동하지만, 밤이 되어 빛이 거의 사라지면 시각 정보도 대부분 차단되죠. 외부 정보를 얻을 수 없으니 두려움이 커지고 한껏 예민해질 수밖에요. 자율신경이 활발해지고, 조금만 수상한 것이 보여도 놀라게 됩니다.

좀더 자세히 풀어볼까요? 유령이 주로 밤에, 으슥한 곳에서 나타나는 이유는 눈의 시각세포 때문입니다. 눈에는 두 종류의 시각세포가 있습니다. 하나는 원뿔세포(원추세포)로 주로 밝은 곳에서 색과 명암, 형태를 구분하는 데 사용됩니다. 그리고 다른 하나는 막대세포(간상세포)로 어두운 곳에서 명암을 구분하는 데 사용되지요.

밝은 곳에서는 원뿔세포가 작용하기에 얼굴과 비슷한 형태를 보더라도, 그것의 원모습을 쉽게 파악합니다. 즉 사과에 점 세 개가 있다면 사람 얼굴이라고 착각하는 것이 아니라, '사람 얼굴처럼 생긴 사과네'라고 생각하는 거죠. 하지만 어두운 곳에서는 명암만 구분될 뿐 색 등은 분별할 수 없으니, 같은 사과를 봤을 때 '어? 얼굴이 왜 저기 있지?'라는 생각이 드는 겁니다. 밤에 펄럭이는 하얀 커튼이나 빨래, 땅 위를 스치는 검은 비닐봉지 등을 보면서 혹시나 유령은 아닐까 하고 떨게 되는 것도 같은 이유에서입니다.

서양에서는 하얀 이불보가 혼자 날아다니는 모습으로 유령을 묘사하는 경우가 많지요. 우리나라에서는 하얀 소복을 입은 모습으로 자주 등장합니다. 동서양을 막론하고 대부분의 유령은 하얀 옷을 입고 있다는 것이 신기하지 않나요?

이것도 과학으로 설명할 수 있습니다. 우리가 밤에 막대세포만으로 사물을 보기 때문입니다. 막대세포는 색을 구분하지 못하니, 모든 사물이 희거나 검게 보일 수밖에 없습니다. 그런데 어두운 밤에는 당연히 밝은색 물체가 눈에 띄겠죠? 대부분 유령이 흰색 옷을 입은 건(정확히는 입었다고 느껴지는 건) 이런 이유에서랍니다.

우리는 상호작용을 통해 살아간다

유령은 우리를 섬뜩하게 만드는 존재이기도 하지만, 실체를 알 수 없는 존재를 상징하기도 합니다. 그런데 실체를 알 수 없다는 건 어떤 의미일까요? 과학적으로 생각해보면, 그 존재와 우리가 상호작용을 하지 못한다는 뜻입니다. 우리가 어떤 존재에 대해 알 수 있는 건 보거나, 듣거나, 만지거나, 냄새를 맡았기 때문인

데요. 이 모두는 일종의 상호작용입니다.

본다는 건 그 물체에서 나오거나 반사된 빛과 우리 망막의 시각세포가 상호작용을 하는 것이죠. 듣는다는 건 그 물체가 만든 진동이 우리 귀의 청각세포와 상호작용을 하는 것입니다. 만지거나, 냄새를 맡거나, 맛을 느끼는 것 또한 해당 영역 감각세포와의 상호작용을 통해서 이루어지죠. 이렇듯 감각세포가 상호작용을 한 뒤 이 정보를 신경세포를 통해 뇌로 전달하면, 이를 종합적으로 구성해서 어떤 존재에 대해 파악하게 됩니다.

상호작용은 일종의 힘입니다. 가령 눈으로 본다는 것은 빛과 시각세포 사이의 전자기력이 교환되는 과정입니다. 전자기력은 다들 아시다시피 전하를 가진 물체들 사이의 상호작용으로 발생합니다. 빛의 에너지가 감각세포의 전자와 전자기적 상호작용을 하는 것이죠. 또 듣는다는 건 공기의 진동이 고막을 통해 전달되고, 이 진동이 다시 달팽이관 안에 차 있는 림프액의 진동으로 바뀐 뒤 청각세포의 섬모를 흔드는 과정을 통해 이루어집니다.

냄새를 맡거나 맛을 느끼는 경우는 화학적 과정입니다. 특정 물질이 후각세포, 미각세포와 화학적 상호작용을 하는 것인데 이 또한 전자기력에 기초합니다. 또한 간지럽거나, 따갑거나, 아프거나, 부드럽다는 느낌은 압력을 통해 피부의 감각세포와 상호작용을 한 결과입니다.

이렇듯 어떤 존재를 파악하는 행위는 그 물체와 힘의 상호작용을 통해서만 가능합니다. 그런데 유령은 설사 정말 존재한다고 하더라도, 상호작용을 하기가 힘듭니다.

먼저 질량이 없으니 중력이 없습니다. 둘째로 물질이 아니니 전자기적 상호작용도 하지 않습니다. 그러니 본다든지, 냄새를 맡는다든지, 맛을 느끼는 것이 불가능합니다. 셋째로 물질이 아니기 때문에 밀거나 당기는 작용을 할 수 없습니다. 가령 거센 비가 몰아치거나 바람이 세게 불면 몸이 밀리는 걸 느낍니다. 이들은 물질이기 때문이지요. 하지만 빛이 아주 강하다고 몸이 밀리진 않습니다. 빛은 물질이 아니기 때문이지요. 빛은 사실 입자와 파동의 이중성을 가지고 있습니다만, 그 점이 크게 문제가 되진 않습니다.

어떤 이들은 인간의 감각으로는 느낄 수 없지만, 첨단 장비를 통해서는 관찰이 가능하지 않냐고도 합니다. 하지만 그 또한 불가능합니다. 과학적 관측을 위해서는 망원경이나 현미경, 전자현미경, 전파망원경, 자기장 측정기나 전기장 측정기 등이 사용되지요. 이러한 장치들을 통해 우리 감각에 기댈 때보다 훨씬 세밀하고 다양한 종류의 정보를 얻을 수 있는 것은 맞습니다. 하지만 첨단 장비 역시 전자기력이나 중력이라는 기본적인 힘에 근거한 상호작용을 전제로 합니다. 이런 상호작용이 없다면 아무리 최첨단을 자랑하는 장비라도, 그 존재를 파악할 수 없습니다.

만약 유령이 있긴 한데, 물질이 아니라 영적 존재라면 그 존재를 알 수 있는 방법이 아예 없는 거죠. 전혀 알 수 없고, 어떤 상호작용도 불가능하다면 그런 존재가 있는 것이 우리에게 무슨 의미가 있을까요? 아무 의미가 없습니다. 그런 존재는 있거나 없거나, 별 차이가 없으니까요.

유령이 지배하는 우주

그런데 이 우주가 유령에 의해 지배된다고 하면 믿으시겠습니까? 천문학자와 물리학자들의 연구에 따르면 그러합니다.

먼저 우주를 구성하는 물질을 생각해보죠. 학교에서 배운 것처럼 모든 물질은 원자로 이루어져 있습니다. 그리고 원자는 원자핵을 이루는 중성자와 양성자, 원자핵 주변에 있는 전자로 구성되지요. 물론 중성자나 양성자, 전자가 원자를 이루지 않고 독자적으로 존재하기도 합니다.

우주에는 별과 행성, 위성, 혜성 등과 같은 천체가 있고, 성간 물질처럼 천체를 이루지 않는 존재가 있습니다. 이들이 모여 성운을 만들고, 성단을 이루고, 다시 은하가 됩니다. 여기까지가 우리가 아는 우주의 물질입니다.

그리고 여기에 가장 중요하지만, 물질이라 부르기 애매한 존재가 있습니다. 바로 빛이지요. 빛은 어떤 경우에는 입자처럼 행동하고 또 어떤 경우에는 파동처럼 움직여서, 물질이라기보다는 에너지라 여겨지지요. 하지만 아인슈타인의 상대성이론에 따르면, 에너지와 물질은 근본적으로 상호 전환이 가능하기 때문에 동등합니다. 핵분열이나 핵융합이 이를 보여주는 예죠. 따라서 우주의 모든 존재는 원자를 이루는 중성자, 양성자, 전자, 그리고 빛이라고 할 수 있습니다(참고로 중성자나 양성자는 더 근본적 입자인 쿼크로 이루어져 있고, 그 외 중성미자와 힉스입자란 존재도 있습니다).

우리는 이런 입자와 물질, 빛이 있다는 걸 어떻게 아는 걸까요? 이들 존재와 우리가 상호작용을 할 수 있기 때문입니다. 물리학에서 상호작용은 서로 힘을 가할 수 있다는 뜻입니다. 질량을 가진 물체들은 서로 끌어당기는 중력을 가지고 있습니다. 전하를 가진 물체는 서로 끌어당기거나 밀어내는 전기력을 가지고 있지요. 또 중성자나 양성자, 전자처럼 아주 작은 물질은 매우 짧은 거리에서 약한 상호작용이나 강한 상호작용 같은 힘을 주고받습니다.

그중에서도 가장 중요한 것은 전자기력에 의한 상호작용입니다. 이 상호작용은 빛을 매개로 합니다. 즉 물체를 본다는 것은 전자기적 상호작용을 할 수 있다는 뜻이기도 합니다. 우리가 우주를 관측할 때도 전자기력에 의한 상호작용, 즉 빛(정확하게는 '전자기파'라고 합니다)을 이용하는 것이 중요합니다. 이때의 빛은 단순히 우리 눈에 보이는 부분만 있는 건 아닙니다. 자외선이나 적외선, 전파, 감마선 등 다양한 전자기파를 이용해 관측을 합니다.

그런데 20세기 천문학의 가장 큰 성취 중 하나는, 이런 상호작용을 하지 않는 존재를 발견한 겁니다. 그리고 이 발견은 '우주가 유령에 의해 지배된다'는 결론으로 이어졌습니다. 대체 무슨 발견이었냐고요? 바로 이어서 이야기해보죠.

암흑 물질이 결정하는 우주의 구조

발견의 계기는, 은하가 도는 속도가 너무 빠르다는 것이었습니다. 팽이를 돌리는 걸 예로 생각해보죠. 팽이가 도는 속도는 처음에 얼마나 힘을 주었는가에 따라서도 달라지지만, 팽이가 얼마나 넓은가와 얼마나 무거운가에 의해서도 결정됩니다. 팽이가 넓으면 천천히 돌고, 좁으면 빠르게 돕니다. 또 팽이가 가벼우면 천천히 돌고, 무거우면 빠르게 돕니다.

은하가 돌 때도 마찬가지입니다. 그래서 은하의 크기와 은하에 있는 천체들의 질량을 대략 계산하면, 은하가 도는 속도를 예측할 수 있습니다. 그런데 실제 관측해본 결과, 예상보다 훨씬 빠르게 도는 겁니다. 은하의 넓이는 이미 정확하게 알고 있습니다. 그럼 우리 눈에 보이지 않는 무언가가 더 있어서, 은하가 우리 생각보다 더 무겁다는 결론에 도달합니다. 확인해보니 우리가 관측할 수 있는 대부분의 은하가 예상보다 더 빨리 돌고 있었습니다. 즉 은하마다 뭔가 더 무겁게 만드는 존재가 있다는 뜻이죠.

계속 연구를 하다보니, 이 물질은 은하의 회전속도에만 영향을 주는 게 아니었습니다. 은하들은 한없이 넓은 우주에서 골고루 퍼져 있지 않습니다. 은하들은 서로의 중력으로 끌어당겨 은하단을 만들고, 이런 은하단들은 다시 서로 끌어당겨 초은하단을 만듭니다. 그리고 이런 초은하단들이 모여 거대한 필라멘트를 형성합니다. 20세기 후반이 되자 우주 망원경 같은 관측 장비들이 더 좋아지면서, 우주의 이러한 거대 구조를 이전보다 더 잘 파악하게 되었지요. 거대 구조의 모습을 연구했더니, 이들이 모이게 하는 중력이 생각보다 더 강하다는 사실을 발견하게 됩니다. 우리가 아는 별이나 은하만 가지고는 도저히 모이게 할 수 없는 거죠.

가령 자석 두 개가 있다고 생각해보죠. 자석 두 개의 같은 극을 마주 보게 하면, 밀어내는 힘이 작용해서 자꾸 멀어지려 합니다. 그런 자석 두 개가 계속 같은 거리를 유지한다면, 무언가 다른 힘이 자석이 멀어지지 못하게 막고 있다고 생각하는 것이 합리적이죠. 마찬가지로 우주가 팽창하면서 은하들은 서로 멀어져야 하는데, 실제로는 그렇지 않다면 이를 막고 있는 힘이 있다는 거죠.

은하의 회전속도를 높이고, 은하들이 서로 멀어지지 못하게 잡고 있는 알 수 없는 물질의 발견! 하지만 아직 과학자들은 이 물질이 정확히 무엇인지까지는 밝혀내지 못하고 있습니다. 이유는 이들이 전자기력에 의한 상호작용을 하지 않기 때문입니다. 그러니 볼 수가 없습니다. 우리 눈으로 보는 가시광선, 적외선, 자외선, 전파, 감마선 모두 이들 물질과 아무 상관이 없습니다. 그냥 통과할 뿐이지요.

이들의 존재를 확인할 수 있는 건 오직 중력뿐입니다. 그러나 중력만으로는 이들 물질이 무엇으로 이루어졌는지 알 수가 없습니다. 그래서 과학자들은 '암흑 물질dark matter'이란 이름을 붙였습니다.

암흑 물질은 우리가 알고 있는 물질과 에너지에 비해, 우주 전체로 치면 세 배 이상 많습니다. 결국 우주에는 우리가 아는 물체보다 그 정체를 모르는 유령 같은 물질이 훨씬 더 많은 셈이죠. 그리고 이 암흑 물질에 의해 우주의 구조가 결정되는 것이고요. 즉 우주는 암흑 물질이란 유령에 의해 지배되고 있는 겁니다.

더 알아보자!

영혼의 무게를 측정할 수 있을까?

과학이 발달하면서 영혼이 존재하지 않는다고 믿는 사람들이 늘었지만, 여전히 영혼의 존재를 믿는 이들도 있습니다. 일부 과학자들도 영혼이 존재한다며 이를 증명하고 싶어 했습니다. 여러 방법을 시도했는데 그중 사람들에게 가장 주목을 받았던 것은 영혼의 무게를 재는 실험이었습니다.

미국의 덩컨 맥두걸Duncan MacDougall이라는 의사는 1901년부터 양로원의 환자 여섯 명을 대상으로 실험을 진행합니다. 이제 막 죽으려는 사람을 대상으로, 죽기 직전의 몸무게와 죽은 직후의 몸무게를 측정해 비교한 것이죠. 죽음이 다가오면 이들이 누운 침대를 산업용 저울 위에 놓고, 사망 전후의 무게를 재었습니다. 그 결과, 맥두걸은 영혼의 무게(즉 사망 전후의 무게 차이)는 21그램이라고 발표했지요.

하지만 사망한 여섯 명 중 맥두걸의 주장처럼 21그램 차이가 난 건 딱 한 사람뿐이었습니다. 나머지는 21그램 이상 줄었거나 아예 줄어들지 않았습니다. 그런데도 맥두걸은 자신이 세운 가설과 다른 결과를 보인 환자들에 대해서는, 측정 과정에서 저울이 오류를 일으켰기 때문이라며 무시했지요.

맥두걸은 또 개 열다섯 마리에 대한 실험도 진행합니다. 그런데 어떠한 개도 죽은 후 무게가 달라지지 않았다고 합니다. 그의 주장대로라면 영혼은 사람에게만 있고, 다른 동물에게는 존재하지 않는 것이죠.

이 실험은 여러 가지 면에서 과학적이지 않습니다.

우선 고작 여섯 명을 대상으로 실시했는데, 그중 단 한 명만 영혼의 무게가 21그램이었습니다. 만약 정말 영혼의 무게가 21그램이라면, 다른 실험에서도 동일한 결론이 나와야 합니다. 물론 실험은 항상 오류가 생길 수 있으니, 다른 결과가 나올 수도 있습니다. 그렇기 때문에 어떤 과학자도 단 한 번의 실험만으로 결론을 내리지 않지요. 최소한 수십 번 실험해서 검증합니다. 그런 결과만 과학에서 인정받습니다.

또한 이 실험은 '변인 통제'를 하지 않았습니다. 햇빛의 세기가 광합성에 미치는 영향을 측정한다고 가정하죠. 화분 두 개를 구해서 하나는 볕이 잘 드는 곳에 놓고 다른 하나는 그늘진 곳에 놓아, 각각이 자라는 정도를 비교하려고 합니다. 이때 제대로 된 실험 결과를 얻으려면 광합성에 영향을 미치는 다른 요인도 동일하게 만들어야 하죠. 가령 한쪽 화분에는 진달래를 심고, 다른 화분에 민들레를 심으면 안 되겠지요. 온도도 동일하게 만들고, 물도 똑같이 줘야겠죠?

맥두걸의 실험에서도 정확한 결과를 얻으려면, 사람들의 상태가 일정하도록 유지해야 합니다. 어떤 이는 식사를 했을 수 있고 어떤 이는 식사를 하지 못했을 수 있습니다. 또 소변을 본 경우와 보지 않은 경우, 입고 있는 옷 등도 영향을 끼칠 수 있습니다. 그런데 맥두걸은 이런 부분에 대해 통제하지 않은 채 실험을 진행한 거죠.

하지만 이 실험의 가장 큰 문제는 따로 있습니다. 전제가 잘못된 것이죠. 전제가 잘못되면 실험 자체가 의미 없습니다. 이 실험의 전제 중 하나는 '사람이 죽으면 즉시 영혼이 그의 몸을 떠난다'는 겁니다. 그런데 사람이 죽으면 영혼이 몸을 떠난다고 믿을 근거는 과연 무엇일까요? 혹시 정말 사망 후 영혼이 몸을 떠난다 치더라도, 일정 시간 동안은 몸에 머물다가 그 이후에 떠난다면 이 실험은 의미가 없습니다.

또 이 실험의 다른 전제는 '모든 사람들의 영혼이 같은 무게를 가지고 있다'는 겁니다. 하지만 착한 사람과 나쁜 사람, 오래 산 사람과 일찍 죽은 사람, 남자와 여자 등 다양한 조건에 따라 영혼의 무게가 달라진다면, 이 실험은 의미가 없어집니다.

마지막으로 이 실험은 '영혼에 무게가 있다'고 전제합니다. 만약 영혼에 무게가 없다면 어쩌죠? 영혼은 이 세상에 속한 것이 아니라 그 무게를 잴 수 없다면, 이 실험은 역시 아무 의미가 없어지죠.

'영혼은 무게를 갖는다' '모든 영혼의 무게는 같다' '영혼은 사망 즉시 육체를 떠난다'라는 세 가지 전제가 과연 옳은지 증명되지 않은 상황에서 진행된 실험이기에, 결국 어떤 의미도 지니지 못한다고 할 수 있겠습니다.

Q 유령이 하얗게 보이는 이유는 무엇일까?

A

1) 원래 영혼은 하얀색이다.

2) 항상 소복을 입기 때문이다.

3) 우리는 밤에 막대세포로 사물을 파악하기 때문이다.

4) 유령을 보면 사람이 공포에 질려 색 구분이 안 된다.

답: 3)

5. 외계인:

그들이 지구인을 찾지 않는 이유

마음에 어두운 기운이 있네요

혼자 길을 걷다보면, 도를 아시냐고 묻거나 얼굴이 밝아 보인다며 말을 건네는 이들이 있죠. 그런데 오늘은 특이하게도 제 마음이 아주 선하다며 한 여성이 말을 걸어옵니다.

"어머, 마음이 아주 선합니다. 오랜만에 만나는 마음이에요."

얼굴 한가득 웃음을 머금고 말을 건네는데, 어떻게 마음이 선한지 알 수 있는지 궁금해 질문합니다.

"제 마음을 어찌 볼 수 있단 말이죠?"

그분이 제 질문에 이렇게 답합니다.

"저처럼 공부하는 사람에겐 사람 마음의 모습이 자세히는 아니어도 조금은 보입니다. 그런데 마음 한쪽에 어두운 기운이 조금 있는 게 걸리네요."

처음 보는 사람과 길거리에서 이런 이야기를 나눈다는 게 이상하지만, 뭐 잠깐이면 괜찮지 않을까 싶어 말을 이어갔습니다.

“무엇 때문인지는 알 수 없어도 조금 어두운 기운이 있습니다. 혹시 시간이 되시면 저랑 같이 교당에 잠깐 가실까요? 여기서 멀지 않습니다. 바로 저 빌딩 뒤쪽 작은 사무실입니다. 같이 축원을 올리면 없어질 듯싶네요.”

아무 이유 없이 지나가는 사람에게 호의를 베푸는 건 이상하다는 생각이 듭니다. 축원을 드린다고 하고 돈을 요구할지 몰라 미리 물어봅니다. 전 정말 돈이 없거든요.

“축원을 올리려면 돈이 필요하지 않나요?”

“걱정하지 마세요. 축원을 올리는데 금품을 받으면 상제께서 노하십니다. 그저 한 10분 정도 같이 축원만 올리는 건데요.”

돈을 내지 않아도 된다니 그 사람을 따라가봅니다. 빌딩 뒤편 좁은 골목으로 접어들더니 낡은 빌딩 4층으로 올라가더군요. 밖에 간판도 보이지 않아서 수상하게 느껴졌지만, 그저 잠깐 있다 나오기로 했으니까요. 문을 열고 들어서니 가운데 원탁이 있고, 젊은 사람 두 명과 나이가 지긋한 사람 한 명이 그 주변에 앉아 있습니다.

저를 데려온 사람이 사람들에게 자초지종을 이야기하자, 모두 웃으며 저에게 잘 왔다고 한마디씩 합니다. 커피라도 한잔한 후에 축원을 드리자고 했지만, 제가 바빠서 서둘렀습니다. 실제로 좀 바빴거든요.

저를 비롯해 모두 원탁을 둘러싸고 앉습니다. 저를 데려온 사람이 왼쪽에 앉아 오른손을 내밀고, 나이 든 이가 오른쪽에 앉아 왼손을 내미네요. 다섯 명이 손에 손을 잡더니, 눈을 감으라고 합니다. 정신을 집중하기 위해서라고 하네요.

저도 눈을 감습니다. 저를 이곳에 데리고 온 사람이 말한 것처럼, 제 안에는 어두운 기운이 있습니다. 그것을 끌어올립니다. 어두운 기운이 점점 커지더니 마음 전체를 뒤덮고, 잡은 손을 통해 옆 사람에게 이동합니다. 커진 기운은 다른 네 사람의 마음을 덮고, 저는 그들의 영혼을 빨아들입니다.

지구에 온 지 사흘째, 꽤 마음이 고팠는데 지구인 네 명의 영혼을 먹고 나니 아주 든든합니다. 앞으로도 종종 제게 말을 걸어주면 좋겠네요.

지적인 생명체가 있을 확률 0.0001퍼센트

✣

한때 사람들은 지구가 우주의 중심이라고 생각했습니다. 우주의 한가운데 지구가 있고, 그 주위를 달, 수성, 금성, 태양, 화성, 목성, 토성이 순서대로 돈다고요. 또 그 바깥에는 별들이 잔뜩 박혀 있는 천구가 돌고 있다고 생각했죠.

이 생각이 결정적으로 바뀐 계기는 코페르니쿠스가 "우주의 중심은 지구가 아니라 태양"이라고 선언한 지동설(태양중심설)입니다. 하지만 여전히 지구가 중심이라 믿던 이들은 지동설에 대한 반박으로, 태양이 우주의 중심이라면 별과 지구까지의 거리가 너무 멀다는 점을 지적했습니다. 태양을 중심으로 한 태양계와 나머지 별들 사이에 터무니없이 커다란 빈 공간이 있다고, 신이 왜 그리 쓸모없는 공간을 만들었겠냐고 이야기했죠.

하지만 오늘날 우린 더 큰 우주가 존재한다는 걸 압니다. 눈에 보이는 수많은 천체는 대부분 태양과 같은 항성이거나, 아니면 항성들이 모여 있는 은하죠. 우리 은하는 우주 전체로 보면 평범한 천체입니다. 20세기 중반 무렵에는 약 1000억 개의 별들이 모여 있다고 가정했는데, 현재는 약 4000억 개의 별들이 모인 것으로 추측하고 있습니다.

우리 은하는 '처녀자리 초은하단'이라는 은하의 무리에 속합니다. 처녀자리 초은하단에는 적어도 4만 7000개 정도의 은하가 포함되어 있습니다. 그리고 이런 초은하단은 우리가 관측할 수 있는 우주에 약 1000만 개 정도가 있는 걸로 추정됩니다.

한 은하당 최소 2000억 개의 별×초은하단 하나당 약 4만 개의 은하×1000만 개의 초은하단이 있으니 2 뒤에 0이 23개 붙는, 어마어마한 숫자입니다. 그리고 그 태양들마다 지구나 화성 같은 행성들이 있겠지요. 만약 그런 항성들 1000개 중 하나로, 즉 0.1퍼센트의 확률로 생명이 탄생한 행성이 있다고 가정하지요. 또 생명이 탄생한 행성 중 1000개 중 하나꼴, 즉 다시 0.1퍼센트의 확률로 지성을 가진 생명체가 진화한다고 가정합시다. 확률로 치면 0.0001퍼센트이니 굉장히 작은 확률이지요.

다시 범위를 좁힙니다. 지성을 가진 생명체가 평균 100만 년 정도 자신의 문명을 유지한다고 치죠. 우주의 역사가 약 140억 년 가까이 됩니다. 어떤 행성은 문명을 일군 지성체들이 이미 사라졌을 수도 있고, 어떤 행성은 아직 그 정도로 진화가 이루어지지 않았을 수도 있습니다. 그걸 다시 계산해보면, 우리가 사는 지금 이 시대에 문명을 가진 외계 행성은 앞서 언급한 지성체가 있을 행성 중 0.007퍼센트 정도가 됩니다. 0.1퍼센트의 0.1퍼센트의 다시 0.007퍼센트라는 아주 낮은 확률입니다.*

하지만 별이 워낙 많다보니 이런 낮은 확률에도 불구하고, 우주 전체로 따지면 5조 6000억 개의 외계 문명이 존재할 수 있습니다. 물론 문명을 가졌다고 모두 우주여행을 할 순 없겠지요. 그러니 우주여행을 할 정도로 발달한 문명은 1퍼센트 정도라고 치죠. 그래도 560억 개의 문명이 우주여행을 할 수 있다는 결론에 이릅니다.

우주가 워낙 크고 별도 많은 터라, 지성을 가진 다른 생명체가 존재할 확률은 적지 않습니다. 밤하늘에 빛나는 저 별들, 그 주위를 도는 (우리 눈에 보이지 않는) 외계 행성들에 다양한 지성체가 저마다의 문명을 뽐내며 살아간다고 상상하면, 살짝 소름이 돋기도 합니다.

하지만 외계인이 정말 지구를 방문할 수 있을지에 대해선 회의적입니다. 몇 가지 이유가 있지요.

---

* '드레이크 방정식'이라는 현재 지성을 가진 외계 문명이 존재할 확률을 따지는 방정식을 조금 쉽게 고쳤습니다. 더 관심이 있는 분들은 인터넷에서 드레이크 방정식을 찾아보세요.

앞서 우주에는 수많은 천체가 있고, 그중 꽤 많은 곳에 외계 문명이 있을 거라고 추정했습니다. 하지만 우주가 워낙 넓다는 사실도 염두에 두어야 합니다. 가령 우리 태양계에서 가장 가까운 별인 '알파 센타우리'는 지구로부터 약 4.37광년 떨어져 있습니다. 1초에 30만 킬로미터를 달리는 빛의 속도로도 4.37년이 걸린다는 말인데, 이걸 킬로미터로 따지면 약 41조 킬로미터 떨어진 거리죠. 현재 태양계를 벗어난 우주탐사선 '보이저 1호'는 1초에 약 17킬로미터를 날아가는데, 이 속도로 알파 센타우리에 도착하려면 약 7만 년이 걸립니다. 즉 현재 인류의 기술로는 가장 가까운 별을 가는 것도 불가능에 가깝습니다.

인류의 과학기술이 지금보다 훨씬 더 발달하더라도, 다른 별에 있는 지적 생명체를 만나기란 쉽지 않습니다. 앞서 외계의 지적 생명체가 존재할 확률을 계산했던 것 기억하시죠? 그 계산대로 우리 은하에 지적 생명체가 있을 확률을 따져보면, 약 30곳 정도에 지성체가 있으리라 짐작됩니다. 우리 은하의 지름은 약 10만 광년이죠. 그렇다면 약 3000광년 정도 거리마다, 지적 생명체가 있는 곳이 하나쯤 있다는 뜻입니다. 이런 정도 거리면 지금 인류의 기술로는 거기에 도착하기까지 약 5294만 년이 걸립니다. 빛의 속도로 달려도 3000년이 걸리고요.

그런데 가장 신뢰할 수 있는 이론 중 하나인 아인슈타인의 상대성이론에 따르면, 질량을 가진 물체는 절대 빛의 속도로 움직일 수 없습니다. 사실 광속의 10분의 1 정도로 달리는 것도 가능할지 의문이죠. 그렇다면 우리의 과학기술이 무지막지하게 발달하더라도, 가장 가까운 지적 생명체에게 가는 데 3만 년이 걸린다는 이야기죠.

물론 외계 문명 중 일부는 인류보다 과학이 더 발달했을 수도 있습니다. 만약 외계 문명 중 1퍼센트가 광속의 10분의 1에 달하는 속도로 우주를 달릴 만큼 과학 문명이 발달했다면, 우리 은하에 그런 외계 문명은 많아야 한두 개일 겁니다. 또 그런 외계 문명이 지구와 가까울 확률도 많이 떨어지겠죠. 결국 어지간한 외계 문명은 우주의 광대함을 극복하고 지구로 올 수 없다는 이야기입니다.

우주는 생각보다 넓다

두 번째로는 그런 외계 문명이 있다고 한들, 지구에 올 이유가 별로 없다는 겁니다. 지구에 올 수 있을 만큼 발달한 과학기술을 가진 외계인이라면, 왜 굳이 자기들보다 한참 아래 수준인 지구의 인류를 만나러 올까요? 우리에게 뭔가 배울 것도 없을 터인데 말이죠.

인류의 지식이 아닌 지구 자원이 탐난다고 하더라도 말이 되질 않습니다. 자기네 행성 근처에도 지구와 비슷한 행성은 수도 없이 많을 텐데, 굳이 여기까지 달려올 이유가 없지요. 우리 역시 지구 자원이 고갈되면, 몇만 년씩 걸리는 외계 행성으로 가기보다는 주변의 달이나 화성, 목성에서 자원을 채취하려고 시도하지 않을까요?

SF 영화나 소설에 나오는 것처럼 상호 교류를 원한다거나, 아니면 우리를 노예로 삼으려는 외계인이 존재할 수 있습니다. 그런데 친선이 목적이라면 은밀하게 행동할 이유가 없습니다. 게다가 지구를 찾을 정도의 기술이라면 전파를 자유자재로 이용할 테니, 직접 오기보다는 통신을 통하는 게 훨씬 수월할 겁니다. 나는 서울에 있고 친구는 미국에 있다고 해보죠. 아주 절실한 이유가 아니면, 열두 시간이 넘게 비행기를 타고 미국에 가기보다는 통화나 채팅을 사용할 겁니다. 또 머나먼 곳까지 와서 지구인을 노예로 삼으려는 것도 이해할 수 없는 비합리적인 이유죠. 그 정도로 문명이 발달했다면, 차라리 자기들이 로봇을 만들어 부리는

게 훨씬 빠르고 경제적일 테니까요.

결국 아무리 생각해봐도, 외계인이 우리 지구인을 만날 이유가 없습니다. 우리가 알지 못하는 어떤 이유로 지구에 외계인이 올 수는 있습니다. 외계 지성체가 몰래 지구를 관찰하다가, 지구의 누군가에 운명적 사랑을 느끼는 경우처럼 말이죠. 낭만적이긴 합니다만, 상상 속에서나 가능한 이야기지요.

지구에서 사는 생명의 조건

웹툰이나 만화 혹은 영화 등에 등장하는 외계인이나 외계 생물은 지구인이 만들었습니다. 외계인을 접해보지 않은 창작자들이 어떻게 외계 생물을 창조할까요?

이들은 모방을 통해 외계 생명체를 표현합니다. 즉 지구의 생물을 기반으로, 가상의 존재를 상상하는 것이죠. 그래서 지구에 존재하는 생물의 공통적 특징이 작품 속 외계 생물에도 그대로 반영됩니다.

첫째, 지구의 모든 생물은 생명 활동을 계속하기 위해 외부로부터 에너지와 물질을 섭취해야 합니다. 동물이든 식물이든 마찬가지지요. 따라서 우리가 상상하는 외계 생물도 모두 어떤 형태로든 외부 에너지와 물질을 섭취합니다. 그 대상이 지구 생물이나 인간이기도 하고, 혹은 지구상의 생물과 달리 광물을 섭취하기도 하지만요. 아무것도 흡수하지 않는 외계 생물이 존재하지 않는 이유입니다.

사실 에너지와 물질의 섭취는 지구 생명만의 특징이라고 볼 수 없습니다. 에너지보존법칙을 생각하면 당연한 것이지요. 모든 생물은 행동할 때마다 에너지가 발산되고, 최소한 그만큼의 에너지를 흡수해야만 존재가 가능합니다. 즉 외부 에너지와 물질을 섭취하는 건 이 우주 전체의 기본 법칙이기도 합니다.

지구 생물의 공통적 특징 두 번째는 번식한다는 점이죠. 다시 말해 자신과 유사한 개체를 만든다는 뜻입니다. 인간은 인간을, 개는 개를 낳지요, 진달래는 진달래를, 소나무는 또 다른 소나무를 씨앗을 통해 만듭니다. 작품 속 외계 생물도 이런 특징을 공유합니다. 알을 낳거나 새끼를 낳죠.

인간의 몸속에 알을 낳는 외계인은 상상만 해도 끔찍하지만, 말벌 등 몇몇 생물들은 실제로 그런 방식으로 번식합니다. 그런데 이것이 우주 전체를 관통할 법칙이 될지는 잘 모르겠습니다. 어떤 외계 생명은 번식 대신 자신이 영원히 사는 걸 택할 수도 있으니까요. 하지만 번식하지 않는 생명은 결국 사라질 수밖에 없다는 걸 고려해보면, 외계 생물도 번식하는 존재일 확률이 대단히 높을 겁니다.

또 작품 속 외계 생물 중 대부분을 차지하는 동물형 외계 생물은, 지구의 동물과 비슷한 특징을 공유합니다. 지구상의 동물은 대부분 감각기관과 운동기관을 가지고 있습니다. 감각기관으로는 시각·청각·후각·미각·촉각이 있고, 운동기관은 대부분 근육으로 이루어져 있습니다. 작품 속 외계 동물도 마찬가지지요. 동물과 유사한 감각기관이 있고, 또 근육으로 움직이는 모습을 보입니다. 달리고 뛰고 날고 기어가는 모든 모습에서 근육의 존재를 확인할 수 있죠. 하지만 이런 특징이 실제 외계 생물 중 동물형의 기본 특징이 될 것인지는 아무도 알 수 없습니다. 우리와 전혀 다른 운동기관과 감각기관을 가지고 있을 가능성도 충분히 있으니까요.

상상 속 외계인은 존재할까?

지성을 갖춘 외계인의 모습은 어떨까요? 외계인이 등장하는 대표적인 영화를 꼽아보면 〈가디언즈 오브 갤럭시〉 〈E.T.〉 〈아바타〉 〈맨 인 블랙〉 〈스타트렉〉 등이 있죠. 영화 속 외계인들은 대개 우리와 눈이나 손가락 개수가 다릅니다. 꼬리가 있기도 하고, 입 속에서 또 다른 입이 나오기도 하죠. 영화 속 외계인의 겉모습은 무척 다양하지만, 한 가지는 거의 동일합니다. 대부분 인간처럼 머리가 있다는 것이지요. 그리고 그 머리에는 인간처럼 뇌가 있다고 전제되어 있습니다. 그 뇌가 지성체가 되기 위한 조건인 셈이죠.

커뮤니케이션 능력도 외계 지성체의 조건 중 하나입니다. 인간처럼 언어를 사용하거나, 텔레파시 또는 수화로 이야기하는 등 커뮤니케이션이 가능한 존재로 그려집니다. 앞서 말했듯 우리 인간은 기본적으로 집단생활을 하며, 인간답게 살기 위해서는 소통이 필수적 요소이기 때문입니다. 그래서 외계인을 창조할 때도 자연스럽게 커뮤니케이션이 가능한 존재로 그린다고 볼 수 있습니다.

다양한 콘텐츠에서 묘사하는 외계 생물 혹은 외계인이란, 결국 인간의 지식을 기반으로 한 것입니다. 이 인간의 지식은 지구상의 다양하지만 공통된 특성을 가진 생물에 한정되었으니, 인간이 만든 외계 생물이라고 이런 한계를 벗어날 순 없는 것이죠.

더 알아보자!

외계인보다 지구인을 걱정해야

외계인이 있다고 하더라도 먼 우주를 건너, 지구를 침공할 가능성은 매우 적습니다. 반면 인류는 이미 주변 위성과 행성을 장악하기에 충분한 기술력을 확보했거나, 곧 확보할 것으로 보입니다.

지구 주위를 안정적으로 공전하는 우주정거장이나 인공위성은 이미 개발되어 사용된 지 한참 되었죠. 미국 항공우주국NASA은 '아르테미스 계획'을 통해 달과 지구 사이에 우주정거장을 새로 건설할 계획입니다. 대략 2028년 정도까지는 달에 사람이 머물 수 있는 기지를 세울 예정이라고 하네요.

아르테미스 계획의 궁극적인 목표는 달을 우주탐사의 기지로 만드는 겁니다. 지구에 비해 중력이 6분의 1밖에 되지 않고, 대기도 없는 조건이 우주선 발사에 훨씬 유리한 것이지요. 달을 중심으로 처음에는 화성과 정기적으로 오가는 루트를 만들고, 뒤이어 화성과 목성 사이의 소행성대와 목성의 위성 등을 탐사할 계획입니다.

이런 계획은 단순히 우주에 대한 호기심만으로 이루어지는 것이 아닙니다. 지구는 물질로만 본다면 닫힌계입니다. 인간이 사용할 수 있는 자원에는 한계가 있죠. 더구나 캐낼 수 있는 건 지표면 근처에 존재하는 것뿐입니다. 아무리 다양하고 많은 광물도 지금처럼 열심히 캐다보면, 언젠가 바닥이 날 수밖에 없습니다. 지구 이외의 곳에서 이런 자원을 확보하는 데 눈길이 미치는 건 당연한 일이겠죠.

그런데 아르테미스 계획 등의 우주탐사는 대부분 선진국과 강대국 주도로 이루어지고 있습니다. 미국과 유럽, 일본, 우리나라가 주체이고 그 외에는 러시아와 중국, 인도 정도가 있습니다. 그렇다면 이들 나라가 우주 자원에 대한 선취권을 가지는 건 정당할까요? 이들 나라만 우주의 다양한 자원을 가져가는 것이 당연할까요? 그건 17~19세기에 유럽의 제국주의 국가들이 함대를 보내 전 세계 곳곳의 땅에 깃발을 꽂으며, 자기네 땅이라고 선언한 일과 별 차이가 없습니다.

남극대륙의 경우 사정이 다릅니다. 남극조약에 따라 남극의 평화적 이용, 과학 탐사의 자유를 명기하고 있죠. 어느 나라도 남극을 자신의 영토로 선언할 수 없고 지하자원을 개발하지도 못합니다. 인류 모두의 자산이라고 생각하기 때문입니다. 그렇다면 우주도 그런 기준으로 바라봐야 하지 않을까요? 오직 기술이 앞선다는 이유로, 선진국만 우주 자원을 가져가는 것에 대해 어떻게 생각하세요?

Q 처녀자리 초은하단에 대한 설명이 아닌 것은?

A

1) 적어도 4만 7000개 정도의 은하가 포함되어 있다.

2) 우리 은하의 지름은 약 10만 광년이다.

3) 태양계에서 가장 가까운 별인 알파 센타우리는 지구로부터 약 4.37 광년 떨어져 있다.

4) 우주에 있는 유일한 은하이다.

답: 4)

6. 도플갱어:

겉모습은 닮아도 커넥톰이 다르다

도대체 누구야?

정수는 여름방학 내내 PC방에서 아르바이트를 해서 번 돈으로 망원경을 샀습니다. 친구 집에서 밤하늘을 본 적이 있는데 정말 신기했습니다. 달의 분화구를 직접 볼 수 있을 줄 어떻게 알았겠어요.

오늘도 여느 때처럼 새벽에 하늘을 보는데, 순간 반대편 아파트에서 불이 켜집니다. 그리고 두 사람이 싸우는 것처럼 엎치락뒤치락하는 모습이 보입니다. 혹시 큰일인가 싶어 정수는 그쪽으로 망원경을 돌립니다. 자세히 보려고 배율을 높이는데, 검은색 옷에 머리를 길게 늘어뜨린 여자가 망원경을 쳐다봅니다. 정수는 깜짝 놀라 망원경에서 눈을 뗍니다.

정수는 너무 당황했지만 잘못 본 것은 아닌지 확인하고 싶어, 다시 망원경으로 불이 켜진 창문을 바라봅니다. 그 여자는 계속 서 있는데, 이번엔 씩 웃는 모습까지 보입니다. 여자는 정수가 본다는 사실을 아는 것 같습니다.

그런데 의아합니다. 그 여자의 얼굴이 익숙합니다. 분명 정수가 아는 사람입니다. 정수는 한 번 더 들여다보고 싶지만, 스토커로 몰릴 수도 있다는 생각에 급히 창문을 닫습니다. 핏기 없는 여자의 얼굴이 마치 귀신처럼 느껴져서 심장이 쿵쾅거립니다. 마음이 가라앉지 않아 찬물을 마셨는데도, 쉽게 진정이 되지 않습니다.

'누구일까? 분명 갑자기 불이 켜졌고, 서로 싸우는 모습인 듯했어. 그런데 다시 보니까 창문에는 한 사람만 서 있었고. 그쪽에서 나를 볼 수 없는 게 분명한데, 마치 내 얼굴을 가까이서 보는 것처럼 시선이 또렷했어. 그보다 그 얼굴이 너무 익숙해. 어디서 본 얼굴이지? 도대체 누구야?'

정수는 불쾌한 생각을 떨쳐내기 위해 욕실로 들어가 세수를 합니다. 찬물로 씻고 거울을 보는 찰나, 그토록 궁금했던 얼굴의 정체가 나타납니다. 바로 정수 자신이었습니다.

누군가에게 얻어맞은 것처럼 머리가 멍해진 정수가 다시 망원경으로 조금 전에 목격한 여자의 집을 찾습니다. 분명 불이 켜진 집이 하나 있었는데 이제는 사라지고 없습니다. 아파트 단지는 아무 일도 없었다는 듯 고요합니다. 충격 때문에 잠이 오지 않습니다. 침대에서 뒤척이다 시계를 보니 새벽 4시입니다. 아무래도 잠이 오지 않을 것 같아, 단지 주변을 돌아보기로 결심합니다.

새벽이라 누군가 사용하는 사람이 없을 텐데, 이상하게 엘리베이터가 올라오는 속도가 느립니다. 층마다 한 번씩 서는 것처럼 계속해서 문이 열리고 닫히는 소리가 납니다. 고요한 새벽이라 저층에서 울리는 소리도 선명하게 들립니다. 마음이 급해진 정수는 비상계단으로 내려가려다 참습니다. 가끔 술에 취한 아저씨들이 새벽녘 집에 들어오면서 실수로 엘리베이터 버튼을 여러 개 누를 때가 있는데, 오늘이 그런 날인 듯합니다.

8층, 9층, 드디어 정수가 사는 10층에서 엘리베이터의 문이 열립니다. 정수는 타자마자 1층 버튼을 누릅니다. 너무 긴장한 탓인지 텅 빈 엘리베이터에 타자마자 피곤이 몰려옵니다. 잠시 눈을 감았다가 엘리베이터에 있는 거울을 흘깃 봅니다. 거울 속에 검은 옷을 입은 긴 머리의 정수가 자신을 보며 씩 웃고 있습니다.

만나면 죽거나 미칠 수 있다

독일어인 도플갱어Doppelgänger에서 'Doppel'은 '두 명의double' 란 뜻이고, 'Gänger'는 '다니는 사람goer'이란 뜻입니다. 흔히 비슷한 용모를 가진 사람을 발견했을 때 도플갱어란 말을 쓰지요.

도플갱어는 주로 나쁜 징조로 여겨집니다. 자신의 도플갱어를 보면 죽거나 미친다는 이야기도 전해지죠. 자신이 직접 마주치지 않아도, 자기를 아는 다른 사람이 도플갱어를 보면 죽는다는 속설도 있습니다. 독일의 유명한 소설가 괴테도 스물한 살에 자신의 도플갱어를 목격했다고 전해지지요.

우리나라에도 비슷한 민담이 있습니다. 옛날 옛적 산속 암자에서 공부하던 선비에게 한 스님이 "손톱과 발톱을 잘 감싸서 버려야지, 함부로 아무 데나 버리면 안 된다"고 경고합니다. 그러나 선비는 스님의 경고를 무시하고 손톱과 발톱을 산속에 버립니다.

선비가 공부를 마치고 하산하여 집에 오니, 자신과 똑같이 생긴 사람이 자기 행세를 하며 살고 있었습니다. 둘은 서로 자신이 진짜라고 싸우다가, 결국 진짜가 가짜에게 쫓겨나고 맙니다. 진짜 선비는 스님에게 찾아가 하소연하죠. 그러자 스님은 고양이를 데리고 가라고 합니다. 스님의 말대로 고양이와 함께 집에 도착하자, 가짜 선비는 놀라서 도망을 칩니다. 하지만 결국 고양이에게 잡혀 물리고 말죠. 죽은 뒤 확인해보니 가짜 선비의 정체는 들쥐였습니다. 선비가 버린 손톱과 발톱을 먹고는 둔갑해서 나타난 거였죠.

이 이야기를 자세히 들여다보면, 나를 대신해 살아가는 또 다른 나에 대한 공포로 읽힙니다. 모든 사람에게 자기 자신은 유일한 존재입니다. 이 세상에 나는 한 명인데, 만약 내가 또 한 명 있다면 얼마나 두려울까요? 부모님과 맺은 관계, 친구들까지 나와 똑같은 사람이 나를 밀어내고 내 행세를 한다면 너무 무섭지 않나요? 그래서 도플갱어는 두려움과 증오의 대상을 넘어 없애야 할 존재가 됩니다. 그를 제거하지 않으면 내가 부정당하니까요.

도플갱어처럼 모든 점에서 나와 닮은 사람은 실제로 존재할 수 있을까요? 우리 모습은 유전자에 의해 정해진다는 사실을 이젠 다들 알고 있지요. 따라서 완전히 같은 사람이라면 유전자도 같아야 합니다. 그럼 우연히 유전자가 100퍼센트 일치할 확률은 얼마나 될까요? 90퍼센트나 99퍼센트가 아니라 완전히 일치할 확률은 1,000,000,000,000,000,000,000,000분의 1입니다. 1000조 곱하기 1억 분의 1이라고 생각하면 됩니다. 지금껏 지구상에 태어난 인간을 모두 합쳐도 1000억 명이 되지 않으니, 유전자가 100퍼센트 일치하기란 사실 불가능에 가깝습니다.

하지만 유전자가 같은 사람은 분명히 존재합니다. 사실 우리는 꽤 자주 그들을 목격합니다. 바로 일란성쌍둥이지요. 이들이 유전자가 같은 것은 우연이 아니기 때문에 확률과는 상관없습니다. 엄마의 난관 속에서 난자와 정자가 만나 수정란이 만들어지면, 이 수정란은 약 4~7일에 걸쳐 자궁으로 이동하게 됩니다. 이 기간 동안 수정란은 세포분열을 하는데, 분열된 세포는 원래 수정란이 가지고 있던 유전자를 모두 똑같이 지니게 되죠. 그런데 세포분열을 하다가 수정란 자체가 둘로 갈라지는 경우가 가끔 있습니다. 그럼 수정란 자체가 두 개가 되어 각기 자궁에 착상해 두 명의 아기가 됩니다. 이런 경우를 일란성쌍둥이라고 하죠. 원래 하나의 수정란이었으니 둘은 모든 유전자가 완전히 같습니다.

그럼 일란성쌍둥이는 모든 면에서 똑같은 도플갱어라고 할 수 있을까요? 쌍둥이의 얼굴을 보면 헤어스타일 정도를 빼곤 똑같아 보이니 그렇다고 할 수도 있겠습니다. 하지만 일란성쌍둥이는 태어날 때부터 미묘하지만 다른 부분이 있습니다.

일란성쌍둥이와 도플갱어의 차이

일란성쌍둥이가 도플갱어가 아닌 데는 대략 세 가지 이유가 있습니다.

먼저 DNA의 차이입니다. 수정란이 하나의 개체가 될 때까지는 수많은 세포분열을 거치게 됩니다. 세포분열 과정에서 가장 중요한 시기는 유전자, 즉 DNA가 두 배로 불어난 뒤 둘로 나뉠 때입니다. 그런데 이때 두 쌍의 DNA가 항상 똑같이 나뉘지는 않아요. 아주 작지만 차이가 생깁니다. 대부분의 차이는 몸에 큰 영향을 주지 않지만, 일부는 흔적을 남깁니다. 이런 세포분열은 한두 번이 아니라 수백, 수천 번 되풀이되는데, 그렇기에 쌍둥이는 미세하더라도 차이가 있을 수밖에 없죠. 둘의 첫 수정란 DNA는 같지만, 여러 번의 세포분열을 통해 만들어진 왼손 네 번째 손가락 두 번째 마디의 관절에 있는 세포의 DNA는 똑같지 않을 수 있는 거지요.

다음으로 유전자의 발현이 늘 똑같지 않다는 점입니다. 엄마의 자궁에서 우리 몸이 만들어질 때를 상상해보죠. 손이 처음 생길 때는 그저 뭉뚝한 막대처럼 보입니다. 그러다 일정한 시기가 되면, 손가락 사이의 세포가 죽으면서 손가락들이 분리됩니다. 어느 시점에서 손가락 사이 세포들이 '세포 자살'을 하는지는 유전자가 완전히 똑같더라도, 주변 환경에 따라 조금씩 차이가 생기기 마련입니다. 세포 자살의 범위도 세포 한두 개 정도의 차이가 생길 수 있고요. 이런 현상은 자궁 속에서 우리 몸이 만들어지고 커지는 과정에서 수없이 반복됩니다. 자궁 속에서 둘이 자리 잡은 위치도 다르고, 엄마와 연결된 탯줄의 모습도 다릅니다. 이 작은 차이들이 배 속에서부터 조금씩 둘을 다르게 만듭니다. 그래서 갓 태어난 일란성쌍둥이는 대충 보면 똑같지만, 자세히 살펴보면 조금씩 차이가 발견되죠.

마지막으로 자라는 과정에서 점차 다른 환경에 영향을 받게 된다는 사실입니다. 둘 중 한 명은 감기에 걸렸는데 다른 한 명은 걸리지 않았다든가, 초등학교에 들어가서 서로 다른 반에서 생활한다든가 하는 차이죠. 이런 차이들로 인해 둘의 대뇌와 호르몬 분비계, 자율신경계 등은 서로 다른 학습을 하게 됩니다. 점차 학습의 차이가 쌓이면 호르몬 분비량도 조금씩 달라지고, 자율신경계의 대처 능력도 차이가 생기고, 가장 중요하게는 뇌의 커넥톰connectome이 달라집니다.

유일무이한 우리들의 커넥톰

커넥톰은 뇌 신경세포들의 연결을 종합적으로 표현한 일종의 뇌 회로도입니다. 우리 뇌는 신경세포의 연결을 통해 기억을 저장하고, 의식을 가집니다. 또 성격이 형성되고, 감정을 느낍니다. 즉 커넥톰은 우리의 자아, 정체성이라고도 볼 수 있습니다. 그래서 뇌과학자들은 "당신은 당신의 커넥톰이다"라고 하지요.

커넥톰은 태어날 때 완성되는 것이 아니라 살아가면서 겪는 각종 경험과 학습 등을 통해 만들어집니다. 살아 있는 동안 계속 조금씩 변하지요. 그래서 사람들 모두는 커넥톰이 다릅니다. 일란성쌍둥이라도 커넥톰은 전혀 다를 수밖에 없지요.

따라서 우리에겐 도플갱어가 존재할 수 없습니다. 겉모습은 어찌어찌 따라 할 수 있을지 몰라도, 우리 뇌의 커넥톰을 모사할 순 없기 때문이지요. 설사 커넥톰을 모사한다 할지라도, 끊임없이 변하는 뇌의 커넥톰을 실시간으로 따라잡기는 불가능하고요.

사실 도플갱어가 두려운 이유는 겉모습이 같기 때문이 아니

라, 나의 기억과 습관, 생각을 모두 가지고 있기 때문일 겁니다. 우리의 자아 정체성은 육체적인 부분도 있지만 정신적인 부분이 더 크지요. 하지만 사람은 유전자가 똑같다고 하더라도 자아 정체성을 결정하는 커넥톰이 다르기 때문에, 도플갱어는 만들어질 수 없어요. 그러니 걱정할 필요 없습니다.

동물도 자기 자신을 자각할 수 있다

생각을 넓히면, 도플갱어란 결국 정체성을 가진 존재만이 느끼는 현상이라 볼 수 있습니다. 정체성, 즉 나라는 존재에 대한 자각이 없다면 도플갱어도 존재할 수 없을 테니까요. 그렇다면 인간이 아닌 다른 동물은 도플갱어와 같은 현상을 겪을 수 있을까요? 이 질문은 결국 동물도 자아 정체성을 가지는가, 즉 자기 자신을 다른 개체와 분리해서 사고할 수 있는가라는 질문이기도 합니다.

이에 대해 과학적 실험으로 대답한 이들이 있습니다. 동물행동학이란 분야에서 이루어진 일이지요. 이들은 거울 실험을 설계하고 실시했습니다. 실제 실험은 아주 간단합니다.

잠시 실험 동물을 재우고 눈 옆에 빨간 점을 하나 찍었습니다. 그리고 잠에서 깬 동물에게 거울을 보여주었죠. 동물이 거울 속에 비친 모습이 자기 자신임을 깨닫는지 알아보는 실험이었습니다. 침팬지는 이 실험을 훌륭하게 통과합니다. 거울을 보다가 거울 속 자기 눈 옆에 빨간 점이 찍힌 걸 발견하고는, 손가락을 자기 얼굴의 그 부분에 갖다댄 겁니다. 거울에 비친 모습이 자기 자신임을 알고 있는 거죠.

이후 다양한 동물에게 거울 실험을 해본 결과, 꽤 많은 동물이 거울 속 모습이 자신임을 자각한다는 사실이 밝혀졌습니다. 영장류 중에서는 침팬지와 오랑우탄·보노보가 통과했고 고래 중에서는 범고래·큰돌고래·흑범고래가 합격을 받았습니다. 아시아코끼리와 말 등의 포유류, 그리고 까치·까마귀와 같은 새들도 이 실험을 통과했죠.

자신에 대한 인식능력이 있는 동물의 경우 '비인간 인격체 NonHuman Person'라고 합니다. 물론 비인간 인격체는 자아 인식 이외에도 기쁨이나 고통을 느끼고, 감정을 가지고 있으며, 다른 개체와의 커뮤니케이션이 가능하다는 조건이 붙습니다. 이는 앞서 살펴본 거울 실험을 통과한 대부분의 동물들이 가지고 있죠.

어떤 이들은 비인간 인격체가 인간은 아니지만 인간과 비슷한 인식과 감정을 느끼니, 그에 상응하는 권리 또한 가진다고 주장합니다. 그래서 이들을 공연에 이용하거나 동물원에 가두면 안 된다고 주장하지요. 2014년 아르헨티나에선 오랑우탄이 동물원을 나와 야생동물 보호구역에서 자유롭게 살 권리가 있다는 법원의 판결도 있었습니다. 우리나라에서도 돌고래 공연은 모두 중지되었고, 공연장의 돌고래 대부분이 바다로 방사되었습니다.

더 알아보자!

디지털 도플갱어

그림이나 조각은 한 번에 하나밖에 만들 수 없습니다. 같은 작가가 같은 그림을 다시 그려도 어딘가 다른 점이 있지요. 하지만 판화는 여느 미술 작품과 다른 특징이 있습니다. 돌이나 나무로 된 원판이 있고 거기에 물감을 묻혀 찍어내면, 이론적으론 무한히 많은 작품을 만들 수 있습니다. 그중 어떤 것이든 모두 원본이라고 할 수 있지요. 하지만 작가나 미술 판매상이 판화를 무한히 찍어내진 않습니다. 가치가 사라질 터이니까요. 작가는 판화에 직접 사인하고, 몇 번째 찍은 작품인지를 명기해서 나름대로의 원본성을 부여합니다. 또 똑같은 원판에서 찍었다고 하더라도 미묘하게 다른 점들이 있어서, 각기 원본성을 가지게 되죠.

그런데 이제 미술 작품을 컴퓨터로도 그리는 시대가 되었습니다. 일종의 디지털 파일로 만들어지는 경우가 많죠. 이 경우 원본과 복제본에 대해 이전과 완전히 다른 상황이 만들어집니다. 가령 인터넷을 돌아다니다 재미있는 그림이 있어 스마트폰에 다운받았습니다. 그리고 친구에게 카톡으로 보여주었죠. 친구도 재미있었는지 그 그림을 내려받아서는 다른 단톡방에 올립니다. 우리가 흔히 하는 일이죠. 이제 원래 인터넷에 있던 그림과 내 폰에 있는 그림, 그리고 친구 폰에 있는 그림, 합해서 최소 세 개의 동일한 그림이 있습니다. 원본은 인터넷에 있던 그림이죠. 하지만 셋에는 아무 차이가 없습니다. 인터넷 서버와 폰의 그림은 모두 동일합니다. 인터넷 서버에 있는 그림이 원본이라고 주장할 수 있는 방법이 없습니다.

동영상도 마찬가지죠. 심심할 때 보려고 동영상을 폰에 내려받고, 친구에게도 보내주고, 그 친구는 다시 또 다른 누군가에게 전달하고…. 이런 과정을 거쳐 디지털 콘텐츠가 퍼져나갑니다. 최초로 만든 사람이 있긴 하겠죠. 하지만 인터넷과 컴퓨터와 폰에 저장된 수많은 콘텐츠는 무엇이 원본인지, 누가 원작자인지 확인하기 어렵습니다. 일종의 '디지털 도플갱어'인 거죠.

'대체 불가능 토큰NFT, Non-fungible token'이라는 단어를 들어봤을 겁니다. 이는 디지털 콘텐츠의 원본성 문제를 해결하고자 블록체인에 기반해 등장한 것입니다. 여러 개의 디지털 파일 중 내가 가진 것이 원본임을 증명하는 인증서라 할 수 있습니다. 원래는 조금 더 복잡한 개념이지만, 간단히 설명하자면 다음과 같습니다. 가령 어떤 예술가가 고양이 그림을 디지털 파일로 만들어 인터넷에서 팝니다. 누군가가 그 그림을 구입하면, 그림 파일과 함께 NFT가 제공됩니다. NFT는 블록체인으로 연결되어 있어 복사하거나 훔칠 수 없습니다. 그림은 디지털 파일이니 다른 사람들도 자기 컴퓨터나 폰에 쉽게 내려받을 수 있지만 NFT를 가진 건 한 사람뿐이니, 그가 가진 것이 원본이라는 증명이 된다는 거죠.

그런데 NFT의 소유주가 실수로 자기 컴퓨터에서 그림을 삭제했다고 생각해보죠. 그러고는 인터넷에 떠도는 같은 그림 파일을 다시 내려받습니다. 물론 똑같은 그림입니다. 그렇다면 과연 이 사람은 원본을 소유한 것일까요?

자연스럽게 이런 질문도 떠오릅니다. 공유할 수 있고 무한히 복제도 가능한 디지털 파일을 왜 큰돈을 주고 구매하는 걸까요? 어차피 똑같은 이미지인데, 디지털 원본을 증명하는 데 왜 큰돈을 들이는지 의문이 드는 거죠. 이 질문에 정답은 없습니다. 여러분의 의견은 어떤지 한번 생각해보세요!

Q 다음 중 커넥톰에 대한 설명이 아닌 것은?

A

1) 커넥톰은 뇌의 신경세포들의 연결을 종합적으로 표현한 일종의 뇌 회로도다.

2) 커넥톰은 계속해서 변화한다.

3) 커넥톰으로 인해 인간은 서로 다를 수밖에 없다.

4) 커넥톰은 모사할 수 있다.

답: 4)

7. 마녀:

가장 약한 사람과 가장 악한 사람

이래도 죽고 저래도 죽는

군인들이 크게 원을 그리며 둘러싼 가운데 포승에 묶인 여인은 두려운 표정으로 재판관 알폰소 데 호우다를 바라보고 있었다. 여인 옆에는 같은 마을 주민 서너 명이 불안한 눈초리로 군인들과 재판관, 여인을 곁눈질하고 있었다.

이윽고 종교재판관 알폰소 데 호우다가 한 발짝 앞으로 나섰다. 재판관 뒤로 수도승이 그림자처럼 서 있었다. 재판관이 입을 열었다.

"이웃 주민들의 증언으로 이사벨 그라나다, 자네의 혐의는 충분해졌다. 토마스 우케마에, 너는 이사벨 그라나다가 약을 만들었다고 했지."

"재판관님, 저는 피부병으로 고생하는 사람들이 안타까워서 어머니께 배운 대로 몇 가지 약초로 약을 만들었을 뿐입니다. 어찌 저를 마녀라 하십니까?"

재판관이 말을 받는다.

"그래? 너와 너의 어미는 대를 이은 마녀구나. 마녀가 아니면 어떻게 의사들도 고치지 못하는 병을 치료할 수 있겠느냐. 너의 약에는 필시 악마가 가르쳐준 사악한 비법이 사용되었음이 틀림없다."

"재판관님, 억울합니다. 저는 악마와 거래는커녕 얼굴도 보지 못했습니다."

"너에게 마지막 기회를 주겠다. 여기서 자신이 마녀임을 자백하면 고통 없이 죽게 할 것이며, 계속 부인한다면 화형에 처할 것이다."

"재판관님, 아무 죄도 없는 저를 죽이겠다니요. 저는 태어나서 지금껏 이 마을을 벗어난 적도 없고, 악마를 만난 적도 결코 없습니다. 저는 절대 마녀가 아닙니다."

재판관은 자신이 마녀가 아니라 부인하는 이사벨을 호수 근처로 끌고 갔다.

"이제 너를 호수에 빠트리겠다. 너의 말대로 죄가 없다면 물에 가라앉아 죽을 것이며 그대로 천국에 가게 될 것이다. 네가 만약 마녀라면 물 위에 떠서 살아날 것이다. 그러면 우리가 불로 너를 죽일 것이다. 너의 영혼은 영원히 불타는 지옥으로 가게 될 것이다. 이것은 모두 하느님의 심판이다."

"재판관님, 정녕 저를 죽이시려는 겁니까?"

군인들이 서럽게 울며 소리 지르는 여인을 끌어 배에 태웠다. 배가 호수 가운데에 이르자 몸부림치는 여인을 사정없이 물에 던졌다. 풍덩. 물이 솟구쳤다. 여인은 비명을 지르곤 그대로 물속으로 가라앉았다. 아무도 입을 열지 않았다. 20여 분이 흐르도록 여인의 모습이 보이질 않자, 수도승은 손으로 X 자를 그었다. 이사벨이 물에 떠서 마녀라고 증명하기를 바랐던 재판관은 몹시 실망스러웠다. 그는 안타까움을 뒤로하고 사람들에게 말했다.

"여인은 마침내 하느님의 품으로 돌아갔다. 천국이 그의 것일지니, 이 어찌 큰 기쁨이라 하지 않으리. 다들 자비로운 하느님을 찬양하라."

이사벨은 재판관의 손에 의해 하느님의 품으로 떠난 서른다섯 번째 어린양이 되었다.

그날 밤 재판관은 잠자리에 들기 전, 신께 기도를 드리기 위해 세수를 준비하고 있었다. 겉옷을 벗어 나뭇가지에 건 재판관은 평소처럼 세숫대야에 얼굴을 담갔다. 그 순간, 누군가가 머리를 눌렀다. 재판관은 버둥거렸지만 그의 손에서 벗어날 수 없었다. 어찌된 영문인지 손도 다리도 마비된 듯 움직여지지 않았다. 뒤에서 웃는 소리가 들렸다. 낮에 익사한 이사벨이었다.

"재판관, 너에게 죄가 있다면 이 손길을 피해 고개를 들 수 있을 것이다. 그렇다면 내가 너의 사지를 갈기갈기 찢어 죗값을 치르게 하겠다. 하지만 너에게 죄가 없다면 이 손길 아래 죽게 될 것이다. 고개를 들지 말고 기뻐하라. 너도 이제 곧 천국에서 나와 같이 지내게 될지니."

허리를 구부리고 선 채 굳어진 그의 시신이 발견된 건 다음 날 아침이었다.

사람을 살리는 흑마법사?

우리가 책과 인터넷 그리고 영상 매체를 통해 접한 마녀의 모습은 중세와 근대 유럽에서 만들어진 것입니다. 당시 유럽에서 마법은 크게 두 가지로 나뉘었습니다. 하나는 '백마법'이고, 다른 하나는 '흑마법'이었지요. 백마법은 자연의 순리에 따라, 신의 의지에 의해 행하는 착한 마법입니다. 흑마법은 자연의 법칙을 거스르고 신의 의지에 반해, 악마와 사악한 거래를 통해 얻은 힘으로 행하는 나쁜 마법입니다.

백마법의 대표적 예는 《성경》에 잘 나타나 있습니다. 예수의 열두 제자들이 선교 여행을 다니면서 일으킨 기적이 백마법이죠. 또 중세 시대 성인聖人들이 보여준 기적도 백마법의 한 예이고요. 또 다른 백마법으로는 연금술이 있습니다. 연금술은 금속을 금으로 바꾸는 것을 목표로 한다고 알려져 있지만, 사실 본디 목적은 금속이나 물질의 제련을 통해 자신의 영혼을 더 높은 상태로 이끄는 것이었습니다.

그렇다면 흑마법은 과연 어떤 것이었을까요? 아주 간단합니다. 당시 교회의 승인을 받지 않고 행해지는 대부분의 마법이 흑마법으로 여겨졌습니다. 특히 기독교 신앙과 관계없이 내려오던 각 지역의 전통 신앙에 기초한 행동과 각종 민간요법이 흑마법으로 지목받았죠. 사람을 살리기 위한 민간요법이 나쁜 흑마법으로 생각되었다니, 아이러니한 일입니다.

전 세계 어디든 조상 대대로 이어져오는 민간신앙이 있기 마련입니다. 유럽도 마찬가지였죠. 북유럽 신화에 나오는 신들을 숭배하기도 했고, 고대 유럽의 켈트족은 하느님이 아니라 드루이드교를 창시한 성직자들의 가르침을 따랐습니다.

그러다 기독교가 유럽을 지배하면서 민간신앙은 배척당합니다. 교회의 입장에서 보면 하느님과 예수 이외의 다른 신, 그리고 그 신을 섬기는 이들은 일종의 경쟁자였습니다. 그러한 사람들을 억누르고 배제할 필요가 있었겠지요. 교회 사람들은 '경쟁자'들을 탄압할 때 흑마법을 쓴다는 비판을 가했습니다. 악마와 어두운 거래를 하고, 그를 통해 얻은 초자연적 힘으로 무고한 사람들을 괴롭히고 자신의 욕망을 채우려 한다고 말이죠.

민간요법도 민간신앙과 마찬가지 취급을 받았습니다. 아프면 교회에 나와서 무슨 잘못 때문에 이런 형벌이 내려졌는지 자신의 잘못을 속죄하고, 수도원의 수도사에게 치료를 받아야 한다는 것이 교회의 논리였죠. (중세 시대 수도사 중 일부는 치료사를 겸했거든요.) 그래서 민간요법으로 치료하려는 사람들은 흑마법을 행한다며 비난했습니다. 만화에서 마녀들이 솥에 뱀을 풀어넣고 긴 숟가락으로 이상한 약을 만드는 광경을 본 적 있나요? 중세 시대 사람들이 생각한 민간요법이 이런 모습이었던 겁니다.

그런데 민간요법이 정말 흑마법이었을까요? 우리 선조들도 민간요법을 많이 행했습니다. 치통이 있으면 버드나무 속살을 찧어 씹었던 것이 대표적인 예죠. 과거 사람들은 주변에서 쉽게 구할 수 있는 천연 재료인 약초나 고기들을 가지고 약을 만들었어요. 다치면 피를 멈추게 하는 풀을 짓이겨서 상처에 붙이기도 했습니다. 멍이 들면 계란으로 문질렀고요. 멍은 부딪히거나 넘어진 충격으로 인해 피부의 모세혈관에서 출혈이 발생한 것을 의미합니다. 달걀처럼 표면이 거칠지 않고 모양이 둥근 것들로 문지르면, 응고된 피를 잘 분산시켜 멍을 빨리 없애주죠. 즉 민간요법은 흑마법이 아니라 생활의 지혜였습니다.

우리는 마녀란 말을 들으면, 큰 솥에 뱀·개구리·지네·거미 같은 징그러운 동물을 넣고 끓여 이상한 약을 만드는 모습을 떠올립니다. 하지만 마녀는 제대로 된 치료를 받기 힘든 가난한 사람

들을 위해, 대대로 이어져온 민간요법을 베풀었던 일종의 약사이자 의사였습니다. 만화나 영화 속 마녀들은 대부분 나이 든 노파의 모습으로 표현되는데, 예로부터 전해온 민간요법을 행하는 데는 오랜 경험이 필요했기 때문입니다.

민간요법은 수천 년에 걸쳐 나름 효과가 증명된 것이라 사람들을 구하는 데 자주 사용되었습니다. 그러나 교회가 보기에는 악마의 힘으로 사람들을 구하는 흑마법이었을 뿐입니다.

근대 유럽의 마녀재판

마녀사냥이 중세 유럽에서 시작된 일이라 여기는 이들이 많지만, 실제로는 그렇지 않습니다. 초기 가톨릭 교회는 마녀나 마법을 아예 미신이라고 치부했습니다. 즉 그런 걸 믿는 행위 자체를 무시했고, 따라서 마녀를 고발하고 처형하는 일도 거의 없었습니다. 서기 8세기 신성로마제국 황제 카롤루스대제는 "다른 사람을 마녀라고 믿고, 마녀라 믿는 이를 태워 죽이는 자는 사형에 처한다"라고 발표하기도 했습니다. 실제로 10세기 이전에는 '마녀재판'이라는 것이 거의 없었습니다.

이후 마녀재판이 열리기는 했지만, 피해자가 있어야만 고발이 가능했습니다. 하지만 마녀가 존재하지 않았고, 있지도 않은 마녀의 마법이 피해를 줄 수도 없으니 고발 자체가 그리 많지 않았습니다. 설사 재판이 열려도 그 피해가 마법 때문에 일어났다는 걸 증명해야 했어요. 다른 사람에게 앙심을 품은 이가 거짓으로 피해를 입었다고 고발하는 경우가 간혹 있었지만, 정말 마녀로 판정돼 벌을 받은 사례는 많지 않았습니다.

그러나 중세가 지나고 기독교와 현실 정치가 복잡하게 얽히면서 여러 폐단이 나타납니다. 마녀재판도 그중 하나였습니다. 12세기 이후 유럽에서 르네상스가 시작될 무렵엔, 피해를 입지 않아도 고발이 가능해졌죠. 그나마 다행인 것은 이때만 해도 마녀사냥이 심하지는 않았다는 겁니다. 교회의 관심은 마녀가 아니라 이단에 집중되었어요. 마녀는 교회의 권위에 도전하는 것도 아니었고, 그저 시골에서 민간요법으로 사람들을 치료하는 정도였으니까 위협의 대상도 아니었기 때문입니다. 마녀의 존재를 알아도 그저 묵인하는 경우가 대부분이었습니다.

그러다 유럽의 근대가 시작되는 16~17세기에 이르면서, 마녀사냥이 본격적으로 이루어집니다. 이 시기에만 무려 4만 명이 넘는 이들이 마녀라는 죄목으로 처형되었습니다. 피해자는 대부분

여성이었습니다. 16세기는 독일의 마르틴 루터Martin Luther가 가톨릭 교회에 반발해 종교개혁을 시작한 때입니다. 루터가 창시한 개신교는 독일 등 북유럽을 중심으로 세를 확장하죠. 그러다 16세기 중반부터 가톨릭과 개신교 세력은 전쟁을 벌이게 됩니다. 이런 와중에 마녀재판이 대대적으로 벌어진 것이죠.

'마녀사냥'은 집단 학살극

대대적인 마녀재판이 이루어졌다고 하나, 당연히 마녀는 존재하지 않았고 주술이나 마법은 더더욱 존재할 수 없었습니다. 있지도 않은 마녀, 주술, 마법을 재판에서 증명하기란 불가능했죠. 그래서 사용된 것이 고문이었습니다. 고문을 통해 자백을 얻어내고, 그 자백을 증거로 사형에 처한 겁니다. 이렇게 수많은 여성들이 학살되었습니다. 그럼 왜 중세도 아니고 근대에 이르러 마녀사냥이 유럽을 휩쓸었던 걸까요? 그 원인에 대해서는 여러 설명이 있지만, 모두 명확하진 않습니다.

먼저 가톨릭과 개신교 간의 경쟁 때문이라는 주장이 있습니다. 가톨릭과 개신교는 서로를 이단이라고 비판했을 뿐, 마녀라고 고발한 예는 많지 않습니다. 하지만 이 두 세력이 자신들의 영향력을 확대하기 위한 도구로 마녀재판을 이용했을 수는 있습니다.

또 다른 주장은, 당시 마녀사냥이 일종의 재산을 빼앗기 위한 수단이었다는 것입니다. 남편과 사별한 부유한 여인을 마녀로 몰아 죽인 후, 그 재산을 가로챘다는 것이죠. 하지만 마녀재판의 희생자 대부분은 하층계급의 여성들이었기에 많은 돈을 갖고 있지 않았습니다. 즉 재산을 빼앗기 위한 마녀사냥이 아예 없었다고는 볼 수 없겠지만, '재산 가로채기'의 목적이 전체적으로 큰 영향을 끼친 건 아니라는 이야기죠.

한편 사회불안이 가중되는 가운데 관심을 돌리기 위한 희생양이 필요했고, 그 방향이 여성에게 향했다는 주장도 있습니다. 사회적 영향력도 크지 않고, 폭력에 저항하기도 쉽지 않은 여성들을 대상으로 마녀사냥을 함으로써, 사회의 불만을 해소했다는 주장입니다. 하지만 이 또한 근대에 접어들어 마녀사냥이 본격화된 이유를 완전히 설명하진 못합니다.

어쩌면 이 모든 이유들이 모여, 마녀사냥이 이루어진 것이라고 볼 수도 있습니다. 그 원인이 무엇이든 마녀사냥은 근대 유럽의 가장 부끄러운 일 중 하나입니다. 마녀사냥은 사회에서 가장 가난하고 힘없는 이들을 대상으로 수백 년 넘게 이어진 집단 학살극이었습니다.

사이버불링, 공유 뒤에 숨은 폭력

현대는 중세 시대와 많은 면에서 매우 다릅니다. 사람을 무턱대고 마녀로 몰아가 화형시키는 일 같은 건 없습니다. 그런데 화형을 시키지 않을 뿐, 마녀사냥은 여전히 존재합니다.

우리들은 인터넷에서 소통하는 게 자연스럽습니다. 무엇이든 물으면 방법을 찾을 수 있고, 필요한 지식도 얻을 수 있습니다. 이렇듯 인터넷이 생활화되면서 편리한 점도 많아졌지만, 새로운 문제들도 생겼습니다. '사이버불링cyber bullying'이라는 인터넷상의 집단 괴롭힘, 기사나 유명인의 SNS에 달리는 악플들이 그 예입니다. 그리고 또 하나, '인터넷 마녀사냥'도 심각한 문제입니다.

인터넷 마녀사냥이란, 불특정 다수가 한 사람 혹은 소수를 인터넷상에서 거세게 몰아붙이는 현상을 말합니다. 일례로 사회적으로 크게 이슈가 되는 사건에서, 현장 주변에 있던 사람을 별 근거도 없이 범인 혹은 가해자나 동조자로 몰아가는 모습에서 잘 드러납니다. 아주 사소한 것들이 갑자기 중요한 일처럼 확대

되죠. 대부분은 그 시간, 그곳에서 이상한 행동을 목격한 사람이 SNS에 글을 올리면서 시작됩니다. 사실인지 아닌지, 추측일 뿐인 그 글이 한 사람의 인권을 침해할 수 있는지 등은 전혀 고려되지 않습니다.

범인이나 가해자로 몰린 사람은 어디 사는지, 무슨 일을 하는지, 이름이 뭔지, 가족관계는 어떤지, 심지어 전화번호까지 낱낱이 밝혀집니다. 스스로를 '사이버 수사대'라고 자부하는 이들이 하는 일이죠. 이후 경찰의 수사와 여러 검증을 통해 무고함이 밝혀지든가, 아니면 스스로 명확한 증거를 제시하지 않는 이상 그 사람은 그냥 범인이 됩니다. 전화로 악담을 퍼붓고 문자 폭탄을 보내면서, 한 사람을 극단으로 몰아갑니다. 그들은 자신들이 범인을 잡는 데 일조한다고 생각하죠. 물론 이렇게까지 하지 않는 사람이 대부분입니다. 주로 인터넷에 올라온 글을 공유하는 수준에 머물죠. 하지만 무심결에 저지른 사소한 행동 역시 마녀사냥에 동참하는 일임을 잊어서는 안 되겠습니다.

비단 특정 사건에만 해당하는 이야기가 아닙니다. 배달 음식이 많아지고 그에 따른 리뷰 문화가 확산되면서, 터무니없는 말들이 사실처럼 포장되곤 합니다. 어느 식당 음식에서 벌레가 나왔다고 했는데, 알고 보니 음식점에 서비스를 요청했다가 거부당한 사람이 거짓으로 쓴 글이었죠. 한번은 할머니가 버스에서 하차하다 넘어졌는데도 버스 기사가 그냥 출발했다는 글이 인터넷을 뜨겁게 달구었습니다. 하지만 확인해보니 할머니는 넘어지지 않았죠. 언뜻 사소해 보일 수도 있지만, 개인에게는 커다란 문제로 번질 수 있는 일들입니다. 그런데 아무도 사실 확인을 하지 않고 퍼 나르기만 바쁩니다.

SNS에서만 발휘되는 정의감으로, 아무 죄도 없는 사람을 괴롭히면 안 되겠지요? '나는 아닌데'라고 생각하겠지만, 얼떨결에 마녀사냥에 가담하지 않도록 조심 또 조심해야 합니다.

더 알아보자!

현대에도 마녀사냥이 있을까?

근대 유럽의 마녀사냥은 가장 약한 사람을 대상으로 이루어졌습니다. 여자가 대상일 때도 있었고, 기독교 사회의 이방인인 이교도가 대상일 때도 있었습니다. 백인이 아닌 집시와 다른 민족이 대상일 때도 있었고요. 이런 특징으로 무고한 이들, 소수자에 대한 탄압을 흔히 마녀사냥이라고 합니다. 문제는 20세기에도 그랬고, 21세기에도 이런 일이 계속 일어나고 있다는 점입니다.

2차세계대전 당시 독일 나치가 저지른 집단 학살도 일종의 마녀사냥으로 볼 수 있습니다. 그 학살의 장소는 아우슈비츠로, 학살당한 사람들은 유대인이라고 알려져 있습니다. 그런데 나치의 학살 대상이 유대인에만 국한되었던 것은 아닙니다. 죽은 사람의 수로만 보면, 유대인보다 집시가 더 많았다는 통계도 있습니다. 또 동성애자 등 성소수자와 장애인들도 대상이었습니다. 아리안족의 혈통을 순수하게 유지하겠다는 명분이었죠. 성소수자와 장애인들은 혈통을 더럽히고, 독일의 적에게 붙어 매국적 행위를 일삼는다는 이유로 죽임을 당했습니다.

우리나라도 이런 비극을 겪었습니다. 일제강점기였던 1923년, 간토 지방에 진도 7.9의 지진이 일어납니다. 근대화 이후 일본이 경험한 가장 큰 재난이었습니다. 수많은 사상자와 이재민이 발생하고, 도쿄 일대가 폐허가 되다시피 했지요. 일본은 전 세계를 휩쓴 대공황의 여파로 그렇지 않아도 살기 힘든 상황이었는데, 지진까지 터지자 민심이 뒤숭숭해졌죠.

이때 이상한 소문이 돌기 시작합니다. 재일조선인이 우물에 독을 타서 일본인을 죽였다거나, 조선인이 폭동을 일으켰다는 이야기가 퍼진 겁니다. 누가 이런 거짓말을 시작했는지는 아직 명확히 밝혀지지 않았습니다. 그런데 이 말도 안 되는 소문으로 인해, 민간인뿐 아니라 치안을 책임지는 군인과 경찰까지 나서서 조선인들을 학살하는 사건이 발생합니다. 일본 정부는 이제껏 경험하지 못한 재난에서 국민의 시선을 돌리기 위한 희생양이 필요했고, 당시 일본에서 가장 약한 존재였던 한국인을 재물로 삼은 겁니다. 간토대지진으로 수백 명에서 수천 명의 한국인이 학살당했습니다. 전형적인 마녀사냥이었죠.

21세기에도 마녀사냥은 계속 일어나고 있습니다. 미국에서는 흑인에 대한 폭력이 문제가 됩니다. 백인 경찰이 흑인 용의자에게 총을 쏘거나, 흑인들에게 집단 폭행을 가해 죽음에 이르게 하는 사건이 해마다 몇 건씩 일어나고 있습니다. '흑인의 목숨도 소중하다 Black lives matter'라는 전국적 시위는, 현대판 마녀사냥이 얼마나 심각한지를 보여주는 방증입니다. 흑인이면 무조건 잠재적 범죄자로 보는 미국 경찰의 그릇된 인식이 낳은 결과죠.

미국과 중국의 갈등이 심해지면서 아시아인에 대한 폭력도 빈번하게 벌어지고 있습니다. 길거리를 걷는 아시아인을 보고 중국으로 돌아가라며 욕하기도 하고, 직접 폭력을 휘두르기도 합니다. 자주 있는 일은 아니지만 아시아인 혐오가 총기 난사 사건으로 이어져, 많은 생명을 앗아가기도 합니다.

무슬림도 마녀사냥의 대상이 되곤 합니다. 다른 나라들의 이야기가 아닙니다. 한국에서 이슬람 사원을 건립하겠다고 하자, 무슬림들이 많이 거주하는 사원 예정지 주변에서 무슬림에겐 금기시되는 돼지고기 파티를 열었죠. 또 무슬림이라고 하면 무조건 테러리스트 취급을 하는 경우도 많고요. 난민 신청을 해도 무슬림은 받아들이면 안 된다는 주장도 많습니다.

흑인도 아시아인도 무슬림도, 그들이 잘못했다는 어떤 증거도 없이 괴롭힘을 당합니다. 편견에 사로잡힌 사람들의 마녀사냥이죠. 이들도 자신의 결백을 증명하기 위해, 물에 뛰어들어야 하는 걸까요?

Q 다음 중 마녀사냥의 역사에 대해 맞는 것은?

A

1) 본격적으로 이루어진 시기는 유럽의 근대가 시작된 16~17세기였다.

2) 실제로 마녀가 있었기 때문에 벌어진 일이다.

3) 흑마법을 사용하는 마녀가 문제였다.

4) 교회의 수도승들이 마녀로 몰려서 일어난 사건이다.

답: 1)

8. 고양이:

너무 귀엽지만 절대 길들여지지 않는

피맛골에 나타난 고양이

서울 종로구 피맛골. 지금은 고층 빌딩으로 둘러싸인 서울의 중심가이지만, 약 100년 전에는 저층 상가들로 구성된 지역이었지요.

1934년 이 피맛골에 자그마한 소란이 일어났습니다. 어느 날 점심 무렵, 전을 파는 가게 2층 옥상에 검은 고양이가 나타났습니다. 이 고양이는 건어물 판매대를 헤집고 다녔어요. 그러다 주인이 파리채를 들고 달려오자, 휙 뛰어 옆 가게 차양으로 올라갔죠. 고양이는 차양 위에서 한참 뛰어다니며 차양을 망가뜨리더니, 이번엔 만두 가게로 들어갔습니다. 손님들이 만두를 먹던 탁자 위를 돌아다니며, 가게를 아수라장으로 만들고 난 후에야 겨우 떠났죠.

다음 날도 점심시간이 되자 고양이가 나타났습니다. 이번에도 20여 분간 온 가게를 돌아다니며 장사를 방해했고요. 그다음 날 점심시간에도 마찬가지였죠. 가게 주인들은 고양이를 쫓아내기 위해, 다음 날부터 만반의 준비를 하고 기다렸습니다. 하지만 가게 주인들은 고양이를 상대하기에 역부족이었습니다. 이번에도 고양이는 그물, 몽둥이를 들고 달려드는 사람을 피하며 골목길을 헤집다가 유유히 사라졌습니다.

일주일 정도 고양이에게 시달리던 가게 주인들은 도움을 요청했습니다. 근처 파출소 순경에게 고양이를 잡아달라고 한 거죠. 또 재빠르기로 소문난 주변 학교의 운동선수들에게도 부탁했습니다. 그렇게 열댓 명이 고양이 한 마리를 잡으려고 점심시간 피맛골에 모였습니다. 다시 고양이가 나타났지만 그 많은 사람들이 달려들어도 도저히 잡을 수가 없었습니다. 모두 허탕만 쳤죠.

사태가 이쯤 되자 가게 주인들은 유명한 사냥꾼들에게 부탁했습니다. 꽤 큰 사례를 받은 사냥꾼들은 고양이가 좋아하는 개다래 나뭇잎이며 가지를 준비하고, 그물과 덫도 여기저기 설치합니다. 고양이가 모습을 드러내자, 사냥꾼들은 개다래 나뭇잎을 짓이긴 후 고양이를 유혹합니다. 그런데 어찌된 일인지 이 고양이는 개다래에 반응을 보이지 않았습니다. 이에 사냥꾼들은 고양이를 그물과 덫이 설치된 쪽으로 몰았지만, 이번에도 고양이는 보란 듯이 빠져나갔습니다.

이렇게 피맛골이 고양이로 인해 골치를 앓고 있을 때 한 스님이 찾아옵니다. 소란이 길어지자 신문 기사로도 나고 소문도 돌면서, 스님 귀에까지 들어간 거죠. 스님은 상인회 회장에게 오늘 점심에는 모두 고양이를 못 본 척하라고 말합니다. 밑져야 본전이란 생각에 사람들은 스님의 말을 따르기로 합니다.

점심이 되자 다시 고양이가 나타났습니다. 스님은 골목길 한가운데 정좌를 하고서는, 고양이를 가만히 쳐다볼 뿐이었죠. 천천히 스님 쪽으로 다가온 고양이는 그렇게 한 10여 분 스님과 마주 보다가, 몇 번 야옹거리고는 가만히 물러났습니다.

고양이가 돌아가자 스님이 상인회 회장에게 물었습니다. 여기 상인회에서 며칠 전, 여름철 보신이라고 고양이를 끓여 먹은 적이 있지 않냐고요. 그제야 회장은 고개를 주억거렸습니다. 몇 명이 아는 사람에게 고양이 두 마리를 얻어와 먹은 적이 있다고요.

스님은 이번에 나타난 고양이는 죽은 고양이의 친구였다고 말했습니다. 상인회 사람들에게 복수하려고 나타났다는 것이었죠. 스님은 고양이에게 미안하다고 대신 사죄하고, 상인들이 다시는 고양이를 먹지 않도록 단단히 일러놓겠다고, 그만 용서해달라고 했답니다. 그러자 고양이가 물러났다고요. 스님의 말을 들은 상인들은 앞으로 다시는 고양이를 먹지도 않고, 괴롭히지도 않겠다고 다짐했습니다. 신기하게도 다음 날부터 고양이는 나타나지 않았다고 합니다.*

---

* 옛 민담을 기초로 창작한 이야기로, 실제 피맛골에서 이런 일이 일어난 적은 없습니다.

인간과 함께 지낼 수 있는 동물

고양이는 사람과 같이 살지만 도도한 동물입니다. 분명히 내가 사료를 주는데 나를 따른다기보다는, 먹이를 제공하는 존재로만 취급하는 듯합니다. 안기지도 않고, 곁을 내주지도 않습니다. 또 꽤 많은 고양이들이 자신이 살던 집을 떠나 거리를 배회합니다. 그러다보니 사람이 사는 마을에 살면서도, 사람과 섞이지 않는 존재가 되었죠. 개가 주로 미담의 주인공이 되는데 반해 고양이의 경우 괴담의 소재로 많이 언급되는 이유는, 이런 특징이 반영됐기 때문이겠죠. 이유를 또 하나 들자면, 고양이는 야행성이라 주로 밤에 나다니는데, 길고양이의 경우 사람을 피해 돌아다니며 새된 소리로 야옹야옹하는 것이 섬찟해서이기도 할 겁니다. 특히 번식기에 마치 아이 울음소리처럼 들리는 소리를 밤새 내면 여간 신경 쓰이는 게 아니죠.

아주 예전부터 사람과 같이 사는 동물을 꼽아보면 개, 소, 말, 양, 염소, 닭, 돼지, 그리고 고양이가 있습니다. 그런데 유독 고양이는 애정의 대상이면서 동시에 기피의 대상입니다. 왜 고양이는 여느 가축과 다른 특징을 가지게 된 걸까요? 가장 큰 이유는, 인간의 입장에서 고양이는 함께할 이유가 크지 않은 동물이었기 때문이라고 할 수 있습니다.

개, 소, 양, 말 등 같은 동물들은 인간에게 실질적인 도움을 주었습니다. 그래서 적극적으로 길들였던 동물들이죠. 인간 입장에서는 아무래도 자신의 말을 잘 따르고, 공격적이지 않으며, 부리기 쉬운 동물을 선호합니다. 그러다보니 일종의 품종개량이 자연스럽게 일어났어요. 이런 동물들의 경우, 인간과 같이 살면서 가축화domestication가 진행됩니다. 가축화는 인간과 함께 살기 좋은 방향으로 진화하는 걸 의미합니다.

가축화의 영향으로 가장 많이 변한 건 뇌입니다. 특히 대뇌의 크기가 줄어들었습니다. 인간이 주는 먹이로 살게 되면서 사냥할 일이 줄었고, 또 야생이 아닌 곳에서 살면서 사냥당할 일도 줄었기 때문이죠. 이 동물들은 자연히 공격성도 약해지고, 주변의 자극에 대해 반응하는 정도도 낮아졌습니다. 인간에게 많은 부분을 의지하면서 동물이 능동적으로 무언가를 해야 할 상황이 야생에 있을 때보다 현저히 줄었고, 그러니 뇌의 많은 부분이 필요 없어진 것입니다. 뇌가 줄어들면서 두개골도 줄어들고 이에 머리 크기도 작아졌습니다. 야생의 늑대·소·말과 인간과 같이 사는 개·소·말을 비교하면, 덩치가 비슷한 경우 가축의 머리 크기가 대개 더 작은 이유입니다.

또 다른 변화는 성격입니다. 인간은 공격적 개체보다는 온순한 개체를 더 선호하다보니, 성격 좋은 개체들을 선택해서 번식을 시켰습니다. 이런 과정이 수백 세대에 걸쳐 진행되면서 개는 늑대에 비해 훨씬 유순하고 인간에 대한 복종심이 크게 진화되었죠. 소나 말의 경우도 마찬가지고요.

여기서 잠깐, '가축화'와 '길들이기'는 다른 개념이라는 점을 짚고 넘어가야겠네요. 길들이기는 개체와 개체의 관계입니다. 캣맘과 길고양이의 예를 생각해볼까요? 캣맘의 사료를 정기적으로 먹는 고양이는 어느 정도 시간이 지나면, 캣맘과 친숙한 관계가 됩니다. 다른 사람은 피해도 캣맘은 따르게 되지요. 이런 경우 '길들이기'가 됩니다. 이런 길들이기는 캣맘과 길고양이 둘 사이의 개별적 관계에 국한됩니다.

하지만 '가축화'는 아예 유전자가 바뀌는 진화가 이루어진다는 점에서 길들이기와 다릅니다. 늑대와 개의 예를 들어볼게요. 늑대와 개는 모두 개과 동물에 속하지만, 유전자가 전혀 다릅니다. 늑대와 개의 유전자를 비교해보면, 늑대에게선 자주 발견되지 않는 종류의 유전자가 개에겐 높은 비율로 존재하고, 늑대에게선 빈번하게 발견되는 유전자가 개에게서는 거의 나타나지 않습니다. 이렇게 같은 종 안에서도 서로 격리된 다른 집단 사이에서는 구성 유전자의 비율이 많이 바뀌는데, 가축화가 이런 차이를 만드는 거죠.

하지만 고양이는 사정이 좀 다릅니다. 개는 사람이 다른 가축을 기르거나 사냥할 때 중요한 역할을 합니다. 또 소나 양, 말은 운송 수단이면서 농사를 짓는 데 필수적인 노동력을 제공합니다. 심지어 우유와 고기까지 제공하죠. 즉 인간에게 주는 것이 많은 것입니다. 반면 고양이는 쥐를 잡는 정도 말고는 인간에게 크게 도움이 되지 않았습니다. 결국 고양이는 인간의 필요 때문에 생존한 것이 아닙니다. 아주 옛날 아프리카 들고양이 중 일부가 쥐나 다른 먹잇감이 많은 인간 마을에 내려와 살았던 것뿐입니다. 따라서 고양이는 인간이 가축화할 필요성을 느끼지 않았던 동물이죠.

인간과 같이 사는 동물을 생각해보죠. 개, 말, 소 등은 인간이 그 필요성에 의해 적극적으로 가축화한 경우입니다. 반면 쥐나 바퀴벌레는 인간에게 해를 입히는 존재이니, 계속 없애려고 노력하는 중이죠. 이 둘에 속하지 않는 동물이 고양이와 비둘기,

참새 등이 되겠습니다. 인간이 사는 마을 주변에 먹이가 있으니, 일부가 인간과 같이 살긴 합니다. 인간 입장에서는 해가 되지 않으니 적극적으로 없애려고 하진 않지만, 큰 도움이 되는 것도 아니니 굳이 길들이려고도 하지 않죠.

하지만 인간과 같이 살려면 공격성은 좀 누그러져야 합니다. 시도 때도 없이 인간을 공격하면 함께 살 수 없습니다. 그래서 들고양이 중 그나마 공격성이 덜한 부류들이 인간 마을에 살게 됩니다. 그런데 고양이에게 인간은 사냥감이라기보다는 자기보다 덩치 큰 상위 포식자입니다. 즉 인간에게는 고양이가 위협적이지 않지만, 고양이에게 인간은 위협적인 존재입니다. 인간과 비교적 가까운 거리에 있더라도 크게 개의치 않는, 덜 민감한 성격을 가진 고양이가 주변에 살게 되는 이유입니다. 현재의 고양이는 야생 들고양이에 비해 공격성도 약하고, 또 인간을 개의치 않는 성격을 가지고 있습니다.

개와 고양이의 차이

고양이가 쉽게 길들여지지 않는 데는 또 다른 이유도 있습니다. 인간과 친숙한 동물 중 육식동물은 개와 고양이 정도입니다. 그런데 개는 쉽게 가축화가 되었는데, 왜 고양이는 그렇지 않았을까요? 이유는 개의 선조인 늑대는 집단생활을 했고, 고양이의 선조인 아프리카 들고양이는 단독생활을 했기 때문입니다.

개의 조상만 집단생활을 한 건 아닙니다. 다른 가축의 선조인 야생 들소나 야생마, 야생 염소나 양 등도 집단생활을 하는데, 이들은 공통적으로 서열을 만듭니다. 무리의 지도자가 있고, 그 아래로도 힘이나 다른 특성에 따라 계급이 정해지지요. 이런 동물들이 인간을 무리의 지도자로 인정하면, 인간과 같이 사는 게 그리 어렵지 않습니다. 그리고 가축은 태어나면서부터 인간을 무리의 일인자로 인정하니 잘 따르게 됩니다. 가끔 공격적인 개가 나타나는 이유는, 이런 서열이 제대로 지켜지지 않고 있다고 느끼기 때문이지요.

하지만 고양이의 선조인 아프리카 들고양이는 애초에 혼자 사는 동물이었습니다. 서열 관계 같은 것도 없습니다. 같이 살아도 인간을 무시하기 딱 좋은 조건을 이미 갖추고 있었던 거죠. 그러니 아무리 길들이려 해도, 인간을 따르게 만들기란 쉽지 않습니다. 기껏해야 대등한 친구 정도 되는 거죠.

개와 고양이가 이렇게 서로 다른 삶의 방식을 가지게 된 건,

살면서 진화를 이룬 장소가 다르기 때문입니다. 늑대는 초원 지대나 산기슭의 나무가 듬성듬성한 곳에서 주로 살았습니다. 이런 곳에선 늑대와 초식동물 모두 서로 숨을 곳이 없습니다. 눈에 띄기 쉬워지죠. 그래서 포식자로부터 방어하기 위해 초식동물도 주로 무리를 이룹니다. 코끼리, 들소, 야크, 야생마 등이 모두 그러하죠. 그리고 풀이 있는 곳을 찾아 여기저기 떠돌아다니기도 하고, 스스로를 방어하기 위해 덩치가 커집니다. 이런 덩치 크고 무리를 이루는 초식동물을 사냥하자니, 자연스레 사냥꾼인 육식동물도 모여 있어야 합니다. 그래서 사자나 하이에나, 그리고 늑대는 무리를 이루게 된 거죠.

진화 장소에 따른 특징

반면 고양이의 선조들은 쭉 숲에서 진화해왔습니다. 나무가 빽빽하게 들어찬 숲은 여럿이 움직이기에 좋은 장소가 아닙니다. 집단으로 모여 방어를 하기도 좋지 않지요. 더구나 사냥꾼이 쫓을 때 재빠르게 도망치려면, 몸이 날렵하고 작은 쪽이 유리합니다. 고라니나 사슴들이 가냘픈 몸매를 가진 이유입니다.

사냥감이 작고 가냘픈 반면 재빠르고 은밀하게 움직이니 사냥꾼도 달라집니다. 빠르게 달리는 것보다는 길목에 숨어 지키다가 갑자기 덮치는 것이 숲의 사냥법입니다. 사냥감과 마찬가지로 나무 사이를 잘 움직이려면, 사냥꾼의 덩치도 작아야 합니다. 그래서 호랑이는 사자보다 작고, 살쾡이나 들고양이는 늑대나 하이에나보다 작습니다. 무리를 이룰 필요도 없지요. 자연히 혼자 움직이는 편을 선호하고, 단독 행동을 하게 됩니다.

고양이가 좁은 곳을 좋아하는 이유도 이런 습성 때문입니다. 고양이는 육식동물이지만 덩치가 작지요. 다른 대형 육식동물의 먹잇감이 되기 쉽습니다. 따라서 덩치 큰 동물들이 접근하기 힘든, 좁은 곳에서 안정감을 느낍니다. 장롱 위나 커튼 위, 혹은 캣타워처럼 높은 곳을 좋아하는 이유도 마찬가지입니다. 대형 육식동물이 접근하기 힘든 높은 곳은 고양이에게 안정적인 안식처가 됩니다. 숲에 살았으니 나무도 아주 잘 타고요.

이런 진화의 과정을 거친 고양이는 주변의 다른 동물과 친숙한 관계를 유지할 필요를 느끼지 못합니다. 자신을 공격하는 게 아니라면 무시하는 거지요. 그럼 인간과 더불어 사는 이유는 무엇일까요? 먹이를 제공해주니 따로 사냥할 필요가 없어 편하기 때문입니다. 그리고 방 안에서만 지내다보니 달리 할 일도 없어

가끔 인간과 놀아주는 것뿐입니다.

물론 이런 성향은 전반적 특징이지, 개별적 특징은 아닙니다. 개 중에서도 혼자 있기 좋아하는 녀석이 있고, 고양이 중에서도 흔히 '개냥이'라고 하듯 아주 친근한 모습을 보이는 녀석이 있지요. 그리고 앞에서 말했듯이 '길들이기'라는 과정이 있기 때문에, 야생의 고양이에 비해선 길고양이나 집고양이가 훨씬 사람과 교감을 많이 나눕니다.

귀여워야 살아남을 수 있다

이런 연유로 고양이는 자연스럽게 인간과 그리 가깝지도 멀지도 않은, 적당한 관계를 유지하는 존재가 되었습니다. 그런데 이 고양이들에게는 인간이 저항할 수 없는 무기가 하나 있습니다. 큰 눈과 뭉툭한 얼굴, 높고 둥근 이마, 작은 체구가 그겁니다. 인간 대부분이 '귀엽다'고 느끼는 형태죠. 이 얼굴을 무기로 고양이는 말 그대로 '애완' 동물이 됩니다.

행동 특성에선 야생의 흔적이 고스란히 남아 있는 고양이는, 다른 실질적 필요성이 없는데도 인간이 가장 선호하는 동물이

된 거죠. 그래서 SNS에 올라오는 사진이나 영상 중에서도 고양이는 굉장히 사랑받는 콘텐츠 중 하나입니다. 여기에는 아기들, 강아지, 판다, 그리고 다른 동물 새끼들의 사진이나 영상도 포함되는데, 이들의 공통점은 어리다는 겁니다. 물론 무조건 어리다고 다 좋아하는 건 아닙니다. 우리는 몸에 비해 크고 둥근 얼굴, 큰 눈, 오목조목한 이목구비, 뭉툭하고 짧은 팔다리를 가진 동물들을 선호합니다. 반면 이런 특징이 없으면 그다지 선호하지 않습니다.

왜 우리들 대부분은 이런 모습을 좋아하고, 귀엽게 느끼는 걸까요? 사실 이건 진화의 한 형태입니다. 인간을 비롯한 포유동물은 새끼를 낳습니다. 알을 낳는 것과 비교해, 새끼를 낳아 키우기 위해서는 많은 노력이 필요합니다. 수정란을 자궁에서 길러야 하니까요. 사람은 열 달이라는 기간 동안 배 속에 아이를 품지만, 닭은 길어도 며칠이면 알을 낳습니다. 그래서 포유동물은 한 번에 많은 새끼를 낳지 못합니다. 하나를 낳는 데 많은 에너지와 노력이 들어가니까요.

이러니 포유동물의 자식은 다른 동물에 비해 소중할 수밖에 없습니다. 그래서 포유류는 어린 자식을 돌보는 데 큰 노력을 기울입니다. 물론 그중에는 자식을 돌보는 일에 소홀한 경우도 있었겠지만, 그렇다면 번식이 잘되지 않았을 겁니다. 육아에 많은 노력을 기울인 동물이 번식에 성공적이었고, 포유동물의 주류가 되었죠.

또한 집단생활을 하는 동물의 경우, 자기 자식이 아닌 다른 새끼들을 돌보는 일에도 신경을 쓰는 동물들이 번식에 더 성공적이었습니다. 그런데 '아, 저 녀석도 어리니 내가 보호해야겠군', 이런 생각을 하면서 돌보는 건 아닙니다. 모든 포유동물들이 이성적으로 생각하고 학습을 통해 배우는 건 아니기도 하고, 또 쥐나 다람쥐처럼 수명이 짧은 경우 학습하기가 쉽지 않거든요. 그래서 어린 동물들의 특징에 대해 보호 본능이 생기게끔 진화한 것이죠. 자기 새끼가 아니라도 위험으로부터 보호하고, 먹을거리를 나눠주는 건 일종의 본능입니다.

어린 새끼들의 신체적 특징은 뭘까요? 우선 골격이 아직 완성되지 않았기 때문에, 그리고 아래턱이 발달하지 않았기 때문에, 얼굴이 각지고 길기보다는 둥글둥글합니다. 하지만 눈은 태어날 때 거의 완성된 상태이니 얼굴에 비해 커 보이죠. 엄마 배 속에 있을 때 얼굴은 아래턱을 빼곤 다 자라지만, 팔다리나 몸통은 그리 발달하지 않습니다. 자연히 얼굴이 전체 몸에서 차지하는 비율이 커지죠. 또 젖을 먹기 때문에 소화기관이 발달하지 않은 채 태어나고, 몸통도 짤막합니다.

결국 인간을 비롯한 많은 포유동물은 이런 신체 형태와 얼굴을 지닌 개체를 보면 자연스레 보호 본능이 생기고, 호감을 느끼는 식으로 진화가 이루어진 것입니다. 그리고 그 결과, 우리는 이런 신체 형태와 얼굴을 지닌 고양이를 무조건 사랑할 수밖에 없는 거죠.

더 알아보자!

도시의 최상위 포식자

요새 도시에서도 길고양이를 많이 볼 수 있습니다. 그런데 길고양이 때문에 여러 문제가 발생하기도 합니다. 길고양이는 마을에서 인간을 제외하면 최상위 포식자입니다. 다른 동물에게 길고양이는 가장 무서운 대상이 되죠. 비둘기, 참새, 쥐 등 도시에도 나름대로의 생태계가 형성되어 있는데, 길고양이의 개체 수가 증가하면서 생태계에 위협이 됩니다. 동네 주변의 산에 오르다보면 산기슭에서도 고양이를 자주 보게 되지요. 우리에게는 너무 귀여운 동물이지만 산에 사는 작은 동물들, 청설모, 개구리, 까치 등은 이 고양이 때문에 위협을 받고 있습니다.

고양이는 생후 7개월 정도부터 1년에 세 번 임신을 할 수 있고, 한 번에 대여섯 마리의 새끼를 낳습니다. 천적이 없는 환경에서 암컷 길고양이는 임신과 출산을 반복하죠. 고양이 숫자가 기하급수적으로 늘어나는 이유입니다.

사실 이런 상황은 고양이에게도 문제가 됩니다. 숫자는 늘어나는데 먹이는 한정되어 있으니까요. 사냥으로 얻을 수 있는 먹잇감이 부족하다보니, 인간이 버린 음식물 쓰레기를 먹을 수밖에 없습니다. 그런데 고양이는 원래 육식동물이라 인간의 음식을 먹으면 좋지 않습니다. 길고양이가 뚱뚱하고 배가 처진 것은, 잘 먹어서가 아니라 건강이 좋지 않다는 표시입니다.

그래서 시민단체와 지자체 등이 고양이를 대상으로 TNR 정책을 실시하고 있습니다. TNR는 고양이를 '포획Trap'하여 '중성화 수술Neuter'을 시행하고, 다시 원래 살던 곳에 '방생Return'하는 정책입니다. 이를 통해서 임신과 출산을 중단시켜, 고양이 개체 수를 조절하려는 것이죠.

문제는 유기되는 고양이들입니다. 집에서 기르던 고양이를 이사를 간다거나 등의 이유로 버리는 사람들이 있습니다. 중성화 수술을 받지 않은 상태에서 버려진 고양이로 인해, 길고양이 개체 수가 증가하는 경우가 많습니다. 또 TNR를 실시한 후 지속적인 관리를 하지 않기 때문에, 다른 개체가 중성화된 개체를 밀어내고 자리를 차지하기도 하고요.

길고양이 문제는 단순히 고양이에 대한 연민만으로 해결할 순 없습니다. 비록 인간 위주의 도시지만, 그곳에 터를 잡아 사는 다양한 생물이 같이 살아갈 수 있는 방향으로 문제를 해결해야겠지요.

Q 고양이에 대한 설명 중 맞는 문장은?

A

1) 오랜 시간 동안 가축화가 진행됐다.

2) 고양이가 진화한 장소는 대부분 숲속이었다.

3) 고양이는 잡식동물이다.

4) 공격성이 강한 고양이가 인간과 함께 살 수 있었다.

답: 2)

9. 뱀:

지혜와 치유의 상징이자 혐오의 대표

이무기를 먹고 탈이 난 청년들

할머니가 일제강점기에 겪은 이야기입니다. 할머니가 대여섯 살 때 잠을 자다가 마당 구석에 있는 변소에 가려고, 대청을 내려갔다고 합니다. 그때 갑자기 마을 앞산에서 빨건 불덩이가 내려와 당산나무 쪽으로 움직이더랍니다. 호기심에 가볼까 했지만 무섭기도 하고, 또 부모님께 혼날 것 같기도 해서 다시 들어와 주무셨다고 합니다.

다음 날 아침 일찍, 동네 아주머니가 와선 할머니네 가족을 깨우더랍니다. 마을 당산나무 아래 엄청나게 큰 뱀이 죽어 있다는 것입니다. 할머니도 부모님을 따라 같이 집을 나섰죠. 정말 당산나무 아래 아주 커다란 뱀이 똬리를 튼 채 죽어 있었고, 동네 사람들이 주변에 모여 수런거리고 있었습니다.

자세히 보니 보통 뱀과는 달랐습니다. 몸 전체가 숯처럼 꺼멓고, 몸통 굵기가 다 큰 소나무 정도가 되었죠. 머리 양옆에는 지느러미 모양의 귀도 있었습니다. 촌장 어른이 말씀하시길 어젯밤 산에서 빨건 불덩이가 당산나무 쪽으로 내려오는 걸 보고 심상찮게 여겨, 날이 밝자마자 나왔는데 뱀이 죽어 있었다더군요. 할머니는 속으로 내가 잘못 본 게 아니었다고 생각했답니다.

사람들은 뱀을 어찌 처리할지를 두고 갑론을박하기 시작했습니다. 젊은 사람들은 덩치가 크니 구워서 먹자고 했습니다. 그 시절에는 워낙 먹을 게 없었던 터라, 큰 고기가 생겼으니 마을 사람 모두 나눠 먹으면 좋겠다는 생각이었지요. 하지만 노인들은 이 뱀이 보통 뱀이 아닌 것 같은데, 먹고 탈이 날 수도 있다고 걱정하셨죠. 그러면서 그냥 묻어주는 게 낫지 않겠냐고 하셨습니다.

그러던 와중에 동네에서 아는 게 많기로 유명한 어르신이 오시더니, 이 뱀은 이무기가 틀림없다고 하시더랍니다. 몸 크기도 그렇고 머리 양옆에 귀가 생긴 것도 모두 이무기의 특징이라는 것이었죠. 어르신은 아무래도 어젯밤에 용이 되어 승천하려다 실패하고 죽은 것 같다고 하셨답니다. 그러니 먹었다간 큰 탈이 날 거라고, 원래 살던 산에 뱀을 묻어주고 제사를 지내야 마을에 동티가 없을 거라고 하셨죠. 사람들은 그 말에 수긍했습니다. 젊은이들은 고기가 아쉬웠지만, 어른들의 의견을 따르기로 했지요.

그날 동네 사람들은 바빴습니다. 덩치 큰 뱀을 한두 명이 지고 갈 수가 없었지요. 동네 젊은이들이 다 달라붙어 뱀을 지고 앞산에 올랐습니다. 앞산 공터 한쪽에 구덩이를 파고, 뱀을 묻은 후 봉분도 만들었습니다. 시절이 어려운 터라 묘석까지는 세우지 못했지요. 한낮이 되자 동네 아주머니들이 차려온 음식을 앞에 놓고 제사를 지내는 걸로 마무리를 했습니다.

다음 날이었습니다. 동네 청년 세 명이 갑자기 약속이나 한 듯이 덜덜 떨며, 온몸에서 식은땀을 흘렸습니다. 모두 얼굴이 파랗게 질린 채, 입에선 거품까지 나왔습니다.

황급히 의원이 왔지만 아픈 이유를 알 수 없었다더군요. 그런데 아는 게 많기로 유명한 그 어르신이 오시더니 대뜸 말씀하셨답니다.

"너희들 어젯밤에 뒷산에 올라가 뱀을 파내 구워 먹었지! 뱀이 저주를 내렸네."

정말 그랬습니다. 그 세 명은 미신이라며, 한밤중 뒷산에 올라가 뱀을 파내 구워 먹었다더군요. 청년들은 열흘 가까이 앓으며 거의 죽을 지경에 이르렀습니다. 결국 동네 사람들이 모여 무덤을 제대로 보수하고, 다시 제사를 드리고 나서야 차츰 나았다고 하더군요.

징그럽고 혐오스러워

✢

꽤 많은 사람들이 싫어하는 동물로 일단 벌레를 꼽습니다. 벌레는 생물학적으로 정확한 용어는 아닌데, 보통 척추동물이 아니면서 크기가 작은, 육지에 사는 동물 대부분을 지칭하지요. 가령 벌레를 떠올려보라고 하면, 지네나 노래기처럼 다리가 수도 없이 많은 다지류나 거미, 다리가 잘 보이지 않고 꾸물거리는 애벌레나 지렁이, 혹은 거머리 같은 동물을 떠올릴 겁니다. 이들의 공통점은 우리에게 익숙한 척추동물과 신체 구조가 다르다는 것이죠.

인간은 항상 자신을 중심으로 생각하기 때문에, 우리와 신체 구조가 비슷한 동물을 덜 혐오스러워합니다. 즉 호랑이나 곰, 사자 같은 경우 무섭기는 하지만 혐오스럽진 않은 거지요. 반대로 우리와 확연히 다른 동물은 징그러워하고 혐오스러워합니다.

한마디로 우리는 네 발이 달린 척추동물에 익숙하고, 그렇지 않은 동물에 징그러움을 느끼지요. 여기에 딱 뱀이 해당됩니다. 뱀은 척추동물이지만 네 다리가 없고, 마치 지렁이나 지네처럼 길고 얇은 몸통을 가진 동물이지요. 게다가 눈꺼풀이 없어서 눈을 깜빡이지도 않고, 두 갈래로 갈라진 혀를 계속 날름거리는 모습이니 더 무섭게 느껴집니다. 더구나 뱀은 지네나 거미와 함께 독을 가진 대표적 동물이기도 합니다. 벌레와 비슷한 외형인데 덩치까지 크고 기괴한 습성도 있으니, 두려움과 혐오스러움이 함께 몰려와 기피 대상 1호가 된 거지요. 뱀이 괴담의 주인공 중 하나로 자리 잡은 이유입니다.

유목민들은 가축을 데리고 돌아다니면서 뱀을 마주칠 기회가 많았고, 뱀 때문에 해를 입곤 해서 부정적 이미지가 강합니다. 그러나 농경민들은 오히려 뱀을 긍정적으로 생각하기도 합니다. 대표적으로 우리나라도 뱀을 영물로 여겼는데 특히 백사, 즉 하얀 뱀은 상서로운 징조로 환영받기도 했습니다. 또 집에 구렁이가 살아도 함부로 쫓아내지 않고, 오히려 음식을 주기도 했습니다.

사실 뱀도 인간을 꽤나 무서워합니다. 인간이 건드리지 않으면 먼저 공격하는 일이 거의 없죠. 우리나라의 인가에서 볼 수 있는 뱀은 대부분 독이 없어서 크게 위험하지 않았어요. 쥐나 새처럼 농작물에 피해를 주는 소형 동물을 잡아먹으니, 오히려 도움이 되기도 했습니다.

뱀에 대한 부정적 감정은 신화를 통해서도 드러납니다. 유목민의 후예인 유대 민족의 《구약성경》에 뱀은 이브를 유혹해, 선악과를 먹게 만드는 사악한 지혜를 가진 존재로 그려지죠. 기독교에서도 마찬가지로 뱀은 사탄의 부하로 등장합니다. 또 그리스 신화에 나오는 메두사는 머리카락이 모두 뱀인 괴물이었습니다. 우리나라 《삼국유사》에도 신라의 시조 박혁거세의 장례식을 큰 뱀이 방해한 이야기가 실려 있습니다.

뱀에 비교적 관대한 편이었던 우리나라에서도 뱀이 집에 들어오지 못하게 '사巳(원래 뱀을 뜻하는 한자는 '蛇'이지만 십이지지의 여섯째인 뱀을 뜻하는 '巳'도 뱀을 가리킵니다)'를 종이에 써서 벽이나 기둥에 거꾸로 붙이기도 했고, 뱀을 닮은 새끼줄을 불에 태우기도 했습니다. 또 "뱀날에 사람이 죽으면 극락에 가지 못한다"거나, "뱀날에 장을 담그면 맛이 없다"고도 했지요.

하지만 뱀이 늘 부정적으로만 여겨진 것은 아닙니다. 신화에서 뱀이 긍정적 상징으로 사용된 경우도 많았습니다. 뱀은 몸이 커지면 허물을 벗습니다. 이 과정이 사람들에게 '부활'과 '영원한 생명'을 연상시키기도 했죠. 탈피의 과정이 허물, 다시 말해 '시체'를 두고 새로운 생명을 얻는 모습으로 보였던 것입니다. 물론 뱀만 허물을 벗는 건 아닙니다. 게나 가재도 허물을 벗고, 곤충들도 허물을 벗죠. 하지만 게나 가재는 바다나 민물에 살기에 탈피의 모습을 자주 볼 수 없습니다. 곤충들은 크기가 작아 별로 눈에 띄지 않고요. 육지에서 비교적 큰 동물인 뱀이 허물을 벗는 모습이 가장 인상적일 수밖에 없습니다. 그래서 뱀은 생명과 치유를 상징하게 됩니다.

생명과 치유를 상징하는 뱀의 모습이 담긴 대표적 물건은 '아스클레피오스의 지팡이'입니다. 두 마리의 뱀이 휘감겨 있는 지팡이는 태양신 아폴론의 아들이자 의술의 신인 아스클레피오스의 상징입니다.

신화에 따르면, 어느 날 아스클레피오스가 번개에 맞아 숨진 환자를 치료하던 중 뱀 한 마리가 방 안으로 들어왔다고 합니다. 그는 깜짝 놀라 지팡이를 휘둘러 뱀을 죽였습니다. 그런데 잠시 후 다른 뱀이 입에 약초를 물고 들어왔답니다. 그리고 그 약초를 죽은 뱀의 입에 올려놓자, 죽었던 뱀이 다시 살아났다는군요. 이를 본 아스클레피오스가 그 약초를 죽은 이의 입에 갖다대자 역시 살아났다는 겁니다.

그 뒤 아스클레피오스는 지팡이를 휘감고 있는 뱀을 자신의 상징으로 삼았습니다. 지팡이를 휘감고 있는 뱀은 어떤 경우에는 한 마리이기도 하고, 또 다른 경우에는 두 마리이기도 합니다. 아스클레피오스의 지팡이는 지금도 의대나 병원 그리고 의료 기관의 로고에 많이 등장합니다. 세계보건기구WHO도 이를 상징으로 쓰고 있고요.

아스클레피오스는 아내 에피오네와의 사이에 이아소(의료), 파나케이아(만병통치), 아글레이아(생기), 히기에이아(위생), 아케소(치유)라는 딸들을 둡니다. 이 딸들은 간호사가 되는데, 그중에서도 건강의 여신으로 불리는 히기에이아가 유명합니다. 그녀를 상징하는 것도 역시 뱀이 휘감고 있는 잔입니다. 이 히기에이아의 잔은 오늘날 약대의 상징으로 많이 쓰입니다.

두 개로 갈라진 뱀의 혀는 지혜를 상징하기도 합니다. 혀는 말을 상징하는 신체 기관이지요. 그런데 혀가 갈라져 두 개가 있으니 말을 더 잘할 수 있고, 그만큼 지혜롭다고 여긴 것이죠. 그래서 메소포타미아의 수메르신화에 나오는 지혜의 신 '엔키'를 상징하는 동물도 뱀입니다. 사실 두 마리의 뱀이 휘감겨 있는 모습은 고대 메소포타미아에서 그리스로 전해진 것인데요. 그리고 이런 상징은 메소포타미아에서 유대인에게로 이어집니다. 유대인들의 《구약성경》에서도 뱀은 지혜를 상징하죠. 〈창세기〉에 나오는 이브에게 선악과를 권하는 뱀의 모습이 대표적입니다. 그런데 말로 다른 이를 현혹시키는 모습이 부정적으로 비춰지기도 해서, 뱀은 교활함도 상징하게 되었습니다.

오래된 신화 속에 담긴 지혜

뱀은 영원함을 상징하기도 합니다. 허물을 벗는 모습을 보고, 죽음을 통과해 새로운 생명을 부여받아 영생을 누린다고 생각한 거지요. 그래서 고대 이집트에서 코브라는 왕을 상징하는 존재였습니다. 고대 파라오의 왕관에는 항상 코브라가 등장하죠. 여기에 영원함의 상징으로 뱀이 자기 꼬리를 물고 있는 모습의 '우로보로스' 문양이 있습니다. 우로보로스란 그리스어로 '자기 꼬리를 삼키는 자'란 뜻입니다.

이집트 이외의 문명에서도 자기 꼬리를 문 뱀의 모습은 자주 등장합니다. 북유럽신화에서도 '로키'와 '앙그르보다'의 자녀 중 하나인 뱀 '요르문간드'는 세계수를 둘러싼 채 자신의 꼬리를 문 형상으로 등장합니다. 중국에서도 신석기시대의 도자기에서 꼬리를 문 뱀의 모습이 발견됩니다.

뱀이 허물을 벗는 것은 윤회를 뜻하기도 합니다. 또 머리와 꼬리는 처음과 끝을 상징하는데, 그 사이에는 과정이 있죠. 이 과정은 변화를 뜻하기도 합니다. 그래서 유럽 중세 시대 연금술에 우로보로스는 다른 금속을 금으로 변화시키는 '현자의 돌'로 등장하기도 합니다. 우로보로스는 나중에 스위스 정신과 의사 카를 융Carl Jung의 심리학에도 영향을 미쳤고, 독일 화학자 아우구스트 케쿨레August Kekule는 여기서 벤젠 화학구조의 힌트를 얻기도 했습니다.

그런데 실제로 자기 꼬리를 삼키는 뱀이 있습니다. 사로잡힌 뱀이 자신의 꼬리를 삼키려 하는 장면이 목격되기도 했고, 또 야생의 뱀이 몸의 3분의 2 정도를 삼킨 채 발견되기도 했습니다.

지하 세계로 내려간 뱀

그런데 뱀은 언제, 그리고 왜 긴 몸에 팔다리는 하나도 없는, 많은 사람들이 징그러워하는 모습으로 진화했을까요? 때는 지금으로부터 약 1억 년 전, 공룡이 육상 세계를 지배하던 중생대 백악기였습니다.

뱀의 선조는 도마뱀과 비슷한 모습이었는데, 그중 습기가 많은 무른 땅에 살던 선조가 있었습니다. 그 선조는 주로 지렁이나 곤충의 유충같이 땅속에 사는 먹잇감을 찾기 위해 무른 땅을 파헤치곤 했습니다. 땅 위를 달리는 먹잇감에 비해선 움직임이 느리니 사냥하기가 좋았기 때문이지요. 또 천적을 피하기 위해서 땅속으로 자주 숨기도 했습니다. 처음엔 땅속과 땅 위를 오가던 뱀의 선조들은, 점점 땅 밑에서 사는 시간이 늘어납니다. 알도 땅속에서 낳고, 사냥도 땅속에서 하고, 휴식도 땅속에서 취합니다.

그러면서 모습이 점차 변하게 되죠. 땅이 단단했으면 앞발로 파야겠지만, 무른 땅에선 그럴 필요가 없습니다. 좁은 곳을 다니려니 몸은 점차 가늘어지고, 크게 필요 없는 앞발과 뒷발은 줄어듭니다. 모습이 변하니 땅 위를 다니는 게 오히려 불편해지고, 땅속이 편해집니다. 마침내 앞발과 뒷발은 퇴화해서 사라지고 맙니다.

퇴화한 건 발만이 아닙니다. 땅속을 다니니 눈도 크게 필요가 없습니다. 오히려 눈에 흙이 들어가면 아프기만 하죠. 눈꺼풀이 사라지고, 대신 눈앞에 하얀 막이 고정되어 앞을 보지 못하게 됩니다. 땅을 통해 소리가 온몸으로 전해지니 귓바퀴도 별로 소용이 없습니다. 땅속에서 움직이는 데 불편하기만 하죠. 그래서 겉으로 드러난 귀는 사라집니다. 가슴이 좁아지니 폐도 양옆에

있는 게 아니라 위쪽과 아래쪽에 자리 잡고, 그나마 하나는 퇴화되어 기능이 약해집니다. 몸이 가늘어지니 내부 소화기관이 위아래로 자리 잡습니다. 그래서 몸이 길어질 수밖에 없습니다. 이렇듯 수백만 년의 진화를 통해, 뱀은 현재의 모습으로 변하게 된 겁니다.

땅 밑에서 갈고닦은 진화의 결과

뱀이 다시 지상으로 올라온 시기는 공룡이 멸종한 다음이었습니다. 흔히 백악기 말에 공룡이 멸종하고, 그 뒤에 포유류가 육상 세계를 지배했다고 여기지만 이는 사실이 아닙니다. 백악기 말 포유류는 지금의 쥐나 다람쥐, 토끼 정도의 크기밖에 되지 않았습니다. 이들이 사자나 호랑이, 코끼리처럼 덩치가 큰 동물로 진화하기에는 시간이 필요했지요.

갑작스런 대멸종으로 생태계 곳곳에 빈자리가 생깁니다. 그 자리를 차지하려 여러 동물들이 분주히 움직이는 순간, 뱀도 땅 밑에서 지상으로 올라옵니다. 지상으로 올라온 뱀은 발을 만들지는 않습니다. 몸통만으로도 사막의 모래 위, 풀밭, 나무 위를 거

침없이 다닐 수 있으니 발이 필요 없었죠. 발 대신 배 부분의 비늘을 이용해서 땅속을 다니던 뱀은 땅 위에서도 재빠르게 움직이는 것이 가능했습니다.

뱀이 땅 밑에서 갈고닦은 무기는 또 있었습니다. 땅 밑에서 먹잇감을 찾는 데 눈은 별 소용이 없었습니다. 대신 뱀은 살아 있는 생물의 체온을 파악하는 방향으로 진화했습니다. 동물의 체온은 주변 흙보다 조금씩 더 높기 마련입니다. 그리고 온도가 높으면 적외선을 내놓습니다. 더구나 적외선은 방해물이 많은 땅속에서도 잘 뻗어나갑니다. 이에 뱀은 인간은 볼 수 없는 적외선을 보는 피트 기관을 발달시킵니다. 뱀의 콧등에 있지요. 땅 위로 올라온 뒤에도 피트 기관은 특히 밤에 유용하게 쓰입니다. 포유류가 육상에서 주류를 이루게 된 점도 뱀의 피트 기관에는 유리했죠. 포유류는 양서류나 파충류와 달리 항상 높은 체온을 유지하고, 적외선도 많이 내뿜으니까요.

뱀이 자랑하는 또 다른 감각기관은 야콥손 기관입니다. 일종의 냄새를 맡는 곳으로, 입천장에 있습니다. 제2의 코라고 할 수 있지요. 뱀뿐만 아니라 파충류나 포유류 중에는 야콥손 기관을 가진 동물이 많이 있습니다만, 뱀은 이를 더욱 정교하게 가다듬었습니다. 두 가닥으로 나뉜 혀로 공기 중 떠도는 냄새 분자를 낚

아채선 야콥손 기관에 가져다놓으면, 양쪽의 농도 차이를 가지고 냄새의 정체는 물론이고 방향까지도 알 수 있습니다. 뱀이 두 가닥으로 나뉜 혀를 쉴 새 없이 내미는 이유죠.

적외선을 감지하고, 또 냄새를 통해 먹잇감을 찾는 재주를 지닌 뱀은 육상 생활에 완벽하게 적응합니다. 전 세계에서 뱀을 볼 수 없는 곳은 북극과 남극 지역뿐입니다. 바다에는 바다뱀이, 강에는 물뱀이, 또 초원과 사막, 숲과 산악 지대를 가리지 않고 전 세계 곳곳에 다양한 뱀이 퍼져 있지요.

더 알아보자!

강인한 생명력의 원천, 비늘

앞서 살펴봤듯 뱀은 동서양을 막론하고 오랫동안 사람들에게 '영물'로 여겨졌습니다. 영물이라서 보기 힘들고 신비한 생물처럼 느껴지지만, 사실 뱀은 지구의 다양한 환경에 가장 잘 적응한 동물이기도 합니다. 뱀은 육지, 바다, 강을 가리지 않고 살아갑니다. 심지어 나무와 나무 사이를 마치 나는 듯이 활공하는 모습도 보입니다. 도대체 어떻게 뱀은 이토록 강인한 생존력을 갖게 된 것일까요?

결론부터 말하자면, 뱀의 어마어마한 생존력에는 비늘이 큰 역할을 합니다. 뱀의 비늘은 포유동물의 피부나 털처럼 온몸을 둘러싸고, 외부의 환경으로부터 몸을 지킵니다. 이 비늘은 단백질의 일종인 젤라틴으로 이루어져 있는데, 수분이 피부를 통해 들락날락하지 못하게 하죠. 그래서 습도가 높은 곳에서도, 습도가 아주 낮은 사막 같은 곳에서도 살 수 있습니다.

뱀과 같은 파충류의 비늘은 물고기와는 전혀 다릅니다. 물고기 비늘은 하나씩 따로 떨어져 있죠. 하지만 뱀은 몸 전체가 하나의 비늘로 연결되어 있고 그 사이에는 주름이 있습니다. 그래서 자기 몸보다 더 큰 먹이를 먹으면, 비늘의 주름이 펴지면서 소화를 시킬 수 있죠. 상상하기 어렵다고요? 뱀의 허물을 생각해보세요. 비늘이 서로 연결되어 있기 때문에, 뱀 허물은 그 모양을 그대로 유지할 수 있습니다.

뱀의 비늘은 습기와 소화에만 유용한 것이 아닙니다. 이동에도 중요한 역할을 합니다. 다리가 없는 뱀은 지면에 밀착해 기어 다닐 수밖에 없는데, 이때 땅이나 물에 비늘이 직접 닿게 됩니다. 아무래도 비늘이 직접 닿으면 지면과의 마찰력 때문에 이동이 어렵겠죠. 그런데 뱀을 보면, 땅 위든 물 위든 매우 부드럽게 움직입니다. 그러려면 뱀은 비늘 중 지면에 직접 닿는 부분이 적어야 하고, 닿더라도 비늘이 '닳지' 않도록 신경 써야 합니다. 그래서 뱀의 배 부분에 있는 비늘은 마찰력이 작고 모양도 조금 다릅니다. 특히 가운데 부분의 마찰력이 가장 작고, 옆 부분의 마찰력이 가장 크다고 합니다. 다시 말해 이동을 위해 근육을 수축하고 이완할 때 마찰력이 작은 몸통이 유리한 것이죠. 또한 마찰력이 큰 몸통 옆쪽은 브레이크 역할을 합니다. 그래서 머리와 꼬리가 먼저 움직이고, 몸 전체가 앞으로 나아가게 되지요. 뱀이 직진하지 않고 S 자 모양으로 기어가는 이유가 바로 이 비늘에 있는 거죠. 이 S 자 이동은 물에서도 유리합니다.

다리도 없고, 눈도 나빠 생존에 가장 불리한 것처럼 보이는 뱀. 과학의 관점으로 보면 전혀 그렇지 않습니다. 땅속에서 지낼 때 진화한 자신의 특성을 지상에서도 여지없이 발휘하는 '적응력 짱'인 생물이죠. 오래전부터 사람들이 뱀을 지혜의 상징으로 여긴 건, 어쩌면 이 놀라운 적응력 때문은 아닐까요? 하지만 이런 뱀에게도 고민은 있습니다. 뱀의 생명을 지켜준 비늘 때문이죠. 하나로 이어진 비늘은 탄력도 좋고 단단하기도 하고, 또 잘 다듬으면 보기에도 좋아 옛날부터 지갑이나 가방 등의 재료로 사용되곤 합니다. 지금도 뱀을 사육하는 곳이 열대 지역에 꽤 있는데, 모두 이 가죽을 얻기 위해서죠. 가죽을 노리는 인간이 뱀의 생명을 위협하고 있습니다.

Q 다음 중 뱀에 관한 설명으로 옳은 것은?

A

1) 길쭉하고 갈라진 두 혀가 귀여움을 불러일으킨다.

2) 유목민족들은 뱀을 오래전부터 좋아했다.

3) 뱀은 물속에서 진화했다.

4) 뱀은 야콥슨 기관이 진화해서 냄새를 잘 맡는다.

답: 4)

10. 평행우주:

다른 우주에 사는 또 다른 '나'

시간을 오가는 소녀?

효은은 혼란스러웠다. 어제 자신이 '샤파'라고 했을 때 뭘 잘못 먹었냐는 듯이 쳐다보던 혜지가 오늘은 먼저 '샤파'라고 말한다.

"어제 너한테 빌려준 샤파 돌려줘"

"깜빡하고 집에 두고 왔네. 미안해. 내일 줄게. 지금 필요하면 우선 내 것 쓸래?"

"아냐, 괜찮아. 연필 쓰지 뭐. 내일 까먹지 마."

다음 날 혜지에게 샤파를 돌려주는 효은이 말했다.

"여기 있어. 잘 썼어."

"뭘. 샤프 정도 가지고."

다시 샤프라고 한다. 지금 날 놀리나 싶은데 표정은 전혀 그렇지 않다. 효은은 속으로만 끙끙댄다. 내 성격이 문제야. 이런 거 하나 가지고….

하지만 샤파 하나로 끝나지 않았다. '핸드펀'을 잃어버려 난리를 피우다가 빨래통에 벗어놓은 교복 치마에서 발견한 뒤 엄마는 핸드펀을 가지고 놀린다.

"따님, 핸드펀은 잘 가지고 다니시나?"

"아, 엄마! 언제까지 그럴 거야. 핸드폰 잘 챙기고 다니거든."

다음 날에는 "따님, 핸드폰 빨래통에 있나 잘 봐요"라고 한다.

벌써 한 달째. 속으로 끙끙 앓다보니 이제 패턴이 보인다. 홀수 날에는 샤파와 핸드펀이라고 남들도 이야기하지만, 짝수 날이 되면 모두 짠 듯이 샤프와 핸드폰이라고 말한다. 한두 명이 아니라 모두가 다 그렇다. 혹시 몰라 평소에 친하지 않던 애들에게도 슬며시 말을 걸고, 학원에서도 확인해보지만 모든 이들이 그렇다.

노이로제가 걸릴 지경이다. 아침에 일어나면 항상 오늘이 짝수 날인지 홀수 날인지 확인부터 하고 속으로 중얼거린다. 오늘은 샤프, 핸드폰, 샤프, 핸드폰. 문제는 이런 단어가 계속 늘어나는 것이다. '대통량'을 '대통령'이라고 하질 않나, '외교'를 '와교'라고 하질 않나.

효은은 그렇지 않아도 적은 말수가 더 줄어든다. 누가 말을 걸지 않으면 아예 입을 꾹 다물고 있다. 애들은 이런 효은을 침묵의 여자라며 놀린다. 아, 침묵이라니. 침목이라고! 물론 짝수 날에는 침목의 여자라고 하지만.

그런 세월을 10년을 넘어 살아왔다. 중학교를 졸업하고, 고등학교에서도, 대학에 진학해서도, 대학원에 가서도 마찬가지였다. 효은이 이 문제의 본질을 알아차린 건 박사과정에 들어서면서부터였다. 어느 날 연구실에서 양자역학 책을 보던 효은. 우연히 다세계 해석 부분을 보다가 불현듯 깨달았다.

'나는 지금 평행우주를 오가는 거야. 홀수 날에는 샤파라고 쓰는 원래의 내 우주. 그리고 짝수 날에는 샤프라고 쓰는 다른 우주.'

그 순간 효은은 갑자기 연구실에서 사라졌다.

효은을 계속 관찰하던 알파 센타우리 행성 소속 평행우주에서의 지성체 문제 연구관 혜지라운은 입맛을 다셨다.

"안타깝지만 어쩔 수 없지. 자신이 평행우주를 오가는 걸 깨달은 피실험체로는 더 이상 유효한 실험을 할 수 없으니 소거할 수밖에. 그동안 수고했어, 효은."

다음 날 효은은 속으로 펄펄 뛰었다. 아니 샤파를 샤프라고 하다니 얘네들 밤새 모두 짠 거 아냐?

우리가 보는 것은 현재가 아닌 과거

우리가 무엇인가를 볼 때, 그 물체의 현재를 본다고 생각합니다. 하지만 실제 우리가 보는 것은 과거입니다. 이상하게 들리나요? 좀더 생각해보면 간단합니다. 빛의 속도가 유한하기 때문이지요. 멀리서 다가오는 친구를 본다고 칩시다. 친구와 나의 거리가 1킬로미터쯤 떨어졌다면, 햇빛이 친구의 몸에서 반사되어 나에게 오기까지는 30만 분의 1초가 걸립니다. 즉 우리는 1킬로미터 떨어진 친구의 30만 분의 1초 전의 모습을 보는 거죠. 하지만 우리의 눈과 뇌는 이 정도 차이는 구분할 수 없기 때문에, 과거라고 느끼지 못합니다.

시야를 보다 확장해 우주를 관측한다고 생각하면 상황이 달라집니다. 태양과 지구 사이의 거리는 빛의 속도로 약 8분을 달려야 합니다. 즉 우리가 보는 태양은 8분 전의 모습인 거죠. 마찬가지로 태양계에서 가장 가까운 항성인 알파 센타우리는 약 4.37광년 떨어져 있죠. 즉 우리는 4.37년 전의 알파 센타우리를 보는 겁니다. 확실히 과거라는 느낌이 들죠?

결국 멀리 있는 천체일수록 그만큼 더 오래전의 모습을 봅니다. 그렇다면 우리는 얼마나 먼 곳의 천체까지 볼 수 있을까요? 빅뱅으로 시작된 우주의 역사는 138억 년 정도 됩니다. 그 말은 138억 광년만큼 떨어진 별의 빛이 우리가 볼 수 있는 한계란 뜻입니다. 그보다 거리가 멀다면 그 별의 빛은 아직 지구에 도착하기 전인 거죠. 만약 139억 광년 떨어진 곳의 빛이 빅뱅 직후 나왔다면, 우리에게 오기에는 아직 1억 년 정도가 더 필요합니다.

그런데 실제로 우리가 볼 수 있는 우주의 한계는 138억 광년이 아닙니다. 왜냐하면 우주가 계속 팽창하기 때문이지요. 138억 년 전 지구로부터 138억 광년 떨어져 있던 천체는, 우주가 팽창함에 따라 현재 지구에서 약 465억 광년까지 멀어져 있는 상태입니다. 그래서 우리가 볼 수 있는 우주의 한계는 465억 광년이 됩니다. 여기까지를 '관측 가능한 우주'라고 합니다.

그렇다면 우주의 크기는 얼마나 될까요? 사실 이 부분은 과학자들도 모릅니다. 어떤 이들은 무한히 크다고도 하고, 다른 이들은 유한하다고도 합니다. 유한한 경우에도 그 크기는 엄청나서 어떤 사람은 10의 10제곱의 10제곱의 122제곱 메가파섹이라고 주장하기도 합니다. 1 뒤에 0이 1만 2200개가 붙은 크기입니다. 잘 와닿지 않나요? 1 뒤에 붙는 0이 A4용지 18페이지 정도를 가득 채울 정도로 큰 수라고 하면 이해가 될까요? 이 정도면 거의 무한에 가깝다고 볼 수 있지요. 즉 우리가 볼 수 있는 우주 밖에는 훨씬 더 넓은 우주가 펼쳐져 있는 거지요.

그런데 갑자기 궁금해집니다. 이게 평행우주와 무슨 상관이 있을까요? 우리가 볼 수 없다는 건, 그곳의 물질과 상호작용을 할 수 없다는 뜻입니다. 즉 그곳에 뭐가 있든 우린 전혀 알지 못하고, 중력이든 전자기력이든 어떤 힘도 서로 주고받을 수 없다는 겁니다. 그래서 관측 가능한 우주 밖은 또 하나의 우주라고 봐도 됩니다. 일종의 '다중우주'인 거죠. 이런 다중우주 이론을 '누벼 이은 다중우주론Quilted Multiverse theory'이라고 합니다.

만약 우주가 무한히 크다면, 이런 다중우주 또한 수없이 많이 존재합니다. 그리고 그중 어떤 우주는 지금 우리가 보는 '관측 가능한 우주'와 똑같은 우주일 수 있습니다. 거의 0에 가까운 매우, 매우, 매우 적은 확률입니다만 우주가 무한히 크다면 어딘가에는 우리와 완전히 같은 우주가 존재할 수밖에 없는 거죠. (가령 0.001퍼센트라면 굉장히 적은 확률 같지만 10만 명당 1명이니 인구수가 약 5000만 명인 대한민국에 500명이 있는 겁니다. 0.00000001퍼센트라면 그보다 훨씬 적은 확률이지만 100억 명 중 1명이니, 이제껏 지구에 태어난 사람 중

1명은 해당됩니다. 이처럼 아주 적은 확률이라도 경우의 수가 무한히 많으면, 어딘가에는 그런 존재가 있을 수밖에 없는 거죠.)

하지만 평행우주가 이 우주 어딘가에 있다고 한들 사실 우리에겐 아무 의미가 없습니다. 앞서 이야기한 것처럼 갈 수도 올 수도, 하다못해 어떤 연락을 할 수도 없으니까요. 그래도 누벼 이은 다중우주의 평행우주는 그나마 우리 우주와 가까운 사이입니다. 우리가 관측할 수 없지만, 존재하는 아주 큰 우주 안에 공존하고 있으니까요. 하지만 다른 평행우주는 아예 우리 우주 밖의 존재들입니다.

선택하기 이전의 중첩 상태

대중문화에 자주 등장하는 평행우주는 누벼 이은 다중우주보다는 양자역학에 따른 평행우주인 경우가 더 많습니다. 양자역학 자체가 굉장히 어렵기 때문에, 그에 따른 평행우주 이론을 본격적으로 설명하기엔 무리가 있어요. 간단히 말하자면, 두 가지 경우 중 하나를 선택할 때마다 두 개의 평행우주가 생겨난다는 뜻입니다.

모든 양자물리학자들이 이렇게 생각하는 건 아닙니다. 양자물리학의 주류를 이루는 것은 '코펜하겐 해석'이라는 것으로 닐스 보어Niels Bohr와 하이젠베르크, 보른 등의 주장입니다. 하지만 여기에 반기를 들어 '다세계 해석'을 주장하는 이들도 있습니다. 이 둘이 어떻게 다른지 간단히 설명해보죠.

원자는 원자핵과 전자로 이루어져 있습니다. 전자는 원래 '스핀'이라는 성질을 가지고 있는데, 그 방향이 딱 두 가지입니다. 하지만 어떤 방향의 스핀을 가지고 있는지 관측하기 전의 전자는 '1/2 방향 스핀'과 '-1/2 방향 스핀 상태'가 겹쳐 있고, 둘 중 어느 하나로 정해지지 않은 상태입니다. 우리가 보기 전까지는 1/2인지 -1/2인지 모르지만, 둘 중 하나인 게 아니라 둘의 상태가 겹쳐진 건데 이를 '양자 중첩'이라고 합니다.

이런 상황에서 외부 물질이나 빛과 상호작용을 하게 되면 (즉 우리가 전자를 관찰하면) 전자는 이런 중첩 상태가 깨지고, 1/2과 -1/2 중 하나의 상태를 선택하게 됩니다. 이를 '양자 붕괴'라고 표현합니다. 이것이 '코펜하겐 해석'이지요. 이때 어떤 상태가 될지는 완전히 우연에 맡겨지게 됩니다.

하지만 미국 물리학자 휴 에버렛 3세Hugh Everett III는 이런 해석에 반대해서 중첩 상태가 깨질 때 1/2인 상황과 -1/2인 상황이 모두 존재하며, 우리는 그중 하나의 세계에 있기 때문에 다른 상태의 세계에 대해선 알지 못한다는 다세계 해석을 내놓습니다. 결국 중첩 상태가 깨질 때마다 두 개의 우주가 만들어지는 것이죠.

여기선 짜장면을, 또 다른 세계에선 짬뽕을

너무 어렵나요? 그럼 이렇게 생각해보자고요! 오늘 급식 메뉴로 짜장면과 짬뽕이 나왔고, 둘 중 하나를 선택할 수 있어요. 이때 우리에게는 짜장면을 선택한 평행우주와 짬뽕을 선택한 평행우주 둘이 생긴다는 거죠.

그런데 이런 해석에 따르면, 양자 중첩이 깨질 때마다 계속 우주가 나뉘어야 합니다. 우주의 물질들은 끊임없이 상호작용을 하는데, 매번 우주가 나눠진다면 도대체 얼마나 많은 우주가 있을지 상상할 수 없을 정도입니다. 아주 작게 잡아 매초 100번의 상호작용이 있다고 가정한다면 '100번×60초×60분×24시간×365일×13,800,000,000년'에 해당하는 수만큼의 우주로 나뉠 겁니다. 거기다 한 번 나눠진 두 우주가 상호작용을 할 때마다 또 다시 나뉘니 한 번이면 2개의 우주, 두 번이면 4개, 세 번이면 8

개의 우주가 만들어지겠죠. 그러니 '2의 100×60×60×24×365×13,800,000,000제곱' 개의 우주가 생겨난 거죠. 무슨 모래알 정도로 작은 것도 아니고, 무지막지하게 넓고 큰 우주가 그렇게나 많이 생긴다는 이야기니 받아들이기 힘듭니다.

더구나 이렇게 나누어진 평행우주는 서로 간섭할 수 없습니다. 결국 누벼 이은 다중우주와 마찬가지로, 다세계 해석에 의한 평행우주가 있다 한들 평생 그 존재를 알 수도 없고 영향을 주고받을 수도 없으니, 의미 있는 결론이 도출되지 않습니다.

그런데 이런 다세계 해석을 좀더 확장해보면 재미있는 결과가 나옵니다. '러시안룰렛'이란 게임을 아시나요? 여섯 발이 들어가는 총에 총알을 한 발 넣고 실린더를 돌린 뒤, 서로 돌아가며 자기 머리에 총을 대고 방아쇠를 당기는 게임입니다. 재수가 없으면 첫 발에 죽을 수도 있는 무지막지한 게임이죠. 그런데 머리에 대고 총을 쏠 때마다, 다세계 해석처럼 총알이 있는 경우와 없는 경우의 두 세계로 나뉜다면 어떻게 될까요? 어떤 우주에서는 매번 누군가 총알을 맞고 죽는 상황이 발생하고, 다른 우주에서는 살아나는 경우가 발생하겠죠. 총을 쏠 때마다 이렇게 세계가 분리되면서 최소한 하나의 세계에서는 영원히 총을 맞지 않는 경우가 생깁니다. 이를 '양자 불멸Quantum Immortality'이라고 하지요.

내가 사는 세상이 시뮬레이션이라고?

혹시 영화 〈매트릭스〉를 아시나요? 인공지능이 지배하는 미래 세계가 무대죠. 인간은 태어나는 즉시 인공 자궁에 갇힙니다. 그 속에서 인공지능의 생명 연장을 위한 에너지 공급원이 되지요. 그리고 뇌세포에는 매트릭스라는 프로그램이 심어집니다. 사람들의 본체는 인공 자궁 안에 존재하지만, 사람들의 의식은 1999년의 가상현실 속에 있지요. 그들이 살아가는 세상은 모두 인공지능에 의해 만들어진 시뮬레이션입니다.

평행우주에 대한 또 다른 가설은 우주가 일종의 시뮬레이션이라고 주장하는 '시뮬레이션 우주론'에서 나옵니다. 앞의 누벼이은 다중우주론처럼 우리 우주가 무한히 크다면, 당연히 인간처럼 지성을 가진 외계인도 무한히 많을 수밖에 없습니다. 그렇다면 그중에는 지구인보다 훨씬 더 발달한 우주 문명도 무한히 많겠죠. 수학적으로 이야기하자면 자연수가 무한히 많다면 그중 2의 배수도 무한히 많고, 2의 배수가 무한히 많다면 8의 배수 또한 무한히 많을 수밖에 없는 것과 같은 이치입니다.

그렇다면 그들은 현재 지구인들이 열광하는 메타버스와 같은 시뮬레이션을 훨씬 더 광대하고 정교하게 만들 수 있겠죠. 그게 바로 우주입니다. 만약 그들이 시뮬레이션으로 우주를 만들 수 있다면, 단지 하나만 만들 이유가 없을 겁니다. 하나 만드는 것이 어렵지, 비슷한 시뮬레이션을 여러 개 만드는 거야 어려울 까닭이 없으니까요.

여기서 다시 한번 생각해보죠. 만약 우주의 누군가가 시뮬레이션으로 우주를 만들어낼 수 있다면, 그런 우주 문명이 단 하나만 존재할 이유가 있을까요? 애초에 우주가 무한하다고 가정하면, 우주 문명 또한 무한히 많을 수밖에 없겠죠. 그렇다면 우리 우주라는 단 하나의 우주에서 무한히 많은 시뮬레이션 우주가 만들어지겠죠? 그럼 지금 이 글을 읽고 있는 우리가 사는 우주가 시뮬레이션이 아닌 우주일 가능성과 시뮬레이션 우주일 가능성 중 어느 쪽이 더 높을까요? 지금까지의 논리 전개를 따른다면, 시뮬레이션 우주일 가능성이 압도적으로 높습니다. 우리가 사는 세상이 실은 시뮬레이션일 수 있다는 것, 그 어느 괴담보다 기이한 이야기로 느껴지지 않나요?

결국 우주가 무한하다면, 우린 시뮬레이션 우주에 산다고 볼 수 있는 거죠. 그런데 우리 우주가 시뮬레이션 우주라면, 시뮬레이션인 우주 문명이 또 다른 시뮬레이션 우주를 만들 수도 있다는 결론에 이르게 됩니다. 어딘가 최초의 진짜 우주 문명이 시뮬레이션 우주를 만들면, 그 시뮬레이션 우주 안에 있는 존재가 다시 시뮬레이션 우주를 만들고, 2차 시뮬레이션 우주에 있는 존재가 다시 시뮬레이션 우주를 만드는 식의 일이 반복될 수 있다는 거죠. 이렇게 되면 시뮬레이션 우주 또한 무한히 많아집니다.

그렇다면 어떤 시뮬레이션 우주와 초깃값이 완전히 똑같은 시뮬레이션 우주가 존재할 확률 또한 100퍼센트이니, 우리 우주와 동일한 시뮬레이션 평행우주가 존재할 수밖에 없는 거죠. 심지어 그런 평행우주가 하나가 아니라 수십, 수백 개가 될 수도 있겠습니다. 마치 꿈에서 깨었는데 알고 보니 그게 다시 꿈속의 일이고, 그 꿈을 깨니 그 또한 꿈속의 일인 식입니다. 하지만 이 또한 서로 다른 컴퓨터 속에서 일어나는 일이니, 한 시뮬레이션 우주에 사는 이가 다른 시뮬레이션 우주로 가는 일은 일어나지 않습니다. 그래서 우리는 우리 우주와 똑같은, 다른 시뮬레이션 우주와 어떠한 상호작용도 할 수 없는 것이죠.

더 알아보자!

영원히 만나지 못한다는 것

'평행'이란 수학에서 시작된 용어죠. 두 직선이 아무리 길어져도 만나지 않는 상태를 말합니다. 즉 평행이란 만나지 못한다는 걸 전제로 하죠. 수학에서 시작된 개념이지만, 평행이란 말은 여러 곳에서 자주 쓰입니다. '둘의 의견은 평행선을 그리고 있다'라고 쓰면, 서로 대립하는 두 의견이 일치를 보지 못하고 있다는 의미죠. 평행우주도 마찬가지입니다.

평행우주 이론 중에는 다른 우주와 만날 가능성을 조금 열어 둔 경우도 있습니다. 물론 엄밀하게 표현하자면, 아직 검증되지 않은 주장이니 가설이라고 해야겠죠. 대표적인 것이 영화 〈인터스텔라〉에서 딸과 아버지의 교신입니다. 아버지는 블랙홀 내부 공간에서 중력을 이용해 지구에 있는 딸에게 메시지를 전달하죠. 이를 도와주는 존재는 5차원 존재인데, 시공간의 4차원을 다룰 수 있을 만큼 고등해진 먼 미래의 인류였죠.

영화 〈인터스텔라〉에 사용된 평행우주 개념은 예전에는 '초끈이론super-string theory'이라 불렸고, 지금은 'M이론'이라 불리는 가설입니다. 이 가설에 따르면 세계는 원래 11차원입니다. 그래서 4차원의 우주는 11차원에서 보면 무한히 많이 존재할 수 있죠. 마치 공처럼 둥근 구(3차원)에서 보면 그 구에 존재하는 다양한 면(2차원)이나, 아니면 표면에 그릴 수 있는 원(1차원)이 무한히 많이 존재하는 것과 같습니다.

M이론에 의하면, 중력이 다른 힘에 비해 약한 이유는 다른 차원과 연결되기 때문입니다. 우주의 근본적인 힘은 중력·전자기력·약한 상호작용·강한 상호작용의 네 가지인데, 중력은 나머지 힘에 비해 비교할 수 없을 정도로 약합니다. M이론에 따르면 중력의 원래 크기는 그렇게 작지 않은데, 그 힘 중 일부가 4차원 시공간 외에 나머지 차원으로도 뻗어나가기에 4차원에 남은 힘의 크기는 작다는 것이죠. 〈인터스텔라〉에서는 중력이 다른 차원으로도 뻗어나간다는 점에 착안해, 딸과 아버지의 교신이 오직 중력으로만 가능하게 설정한 겁니다.

그러나 M이론은 과학적으로 검증되지 않은 가설일 뿐이고, 더 나아가 M이론이 맞다고 하더라도 영화에 나오는 방식으로 중력을 이용하는 건 불가능에 가깝습니다. 결국 현실에서 우리가 평행우주의 다른 존재를 만날 가능성은 0에 수렴합니다. 하지만 이 점이 오히려 평행우주에 대해 여러 이야기가 만들어지는 이유일지도 모릅니다. 요사이 웹소설에 등장하는 과거로 회귀해서 이전과는 다른 삶을 사는 인물 이야기나, 평행우주로 가서 전혀 다른 설정 속의 삶을 사는 이야기는 둘 다 실제로 일어날 수 없는, 그러나 일어났으면 하는 우리의 모습을 그리는 거니까요.

Q 평행우주 이론에 대해 맞는 설명은?

A

1) 과학적으로 입증된 이론이다.

2) 하나를 선택하면 다른 우주는 소멸된다.

3) 우리는 평행우주를 오가며 상호작용할 수 있다.

4) 중첩 상태가 깨질 때마다 두 개의 우주가 만들어진다.

답: 4)

11. 인공지능:

인간을 지배할 수 있을까?

시작은 과대망상

오늘로 5일째다. 오전 8시, 광화문역의 큰 사거리에 등장한 남성이 횡단보도 구석으로 간 후 메고 온 배낭을 내려놓더니, 외투를 벗어 그 위에 곱게 얹었다. 말끔하게 손질한 머리, 잘 정리된 수염. 그의 차림은 아주 깔끔했고, 얼굴색이 어두운 걸 빼곤 건강 상태도 나빠 보이지 않았다. 평범한 50대 초반의 사무직 남성 같았는데, 그의 윗옷을 보는 순간 그 이미지가 사라진다. 그 남성의 윗옷 앞쪽에는 젊은 여성의 얼굴이 프린팅되어 있었다.

그는 두 손을 양쪽으로 쫙 펴서 위로 뻗었다. 손에 든 노란색 긴 천에는 '인공지능은 납치한 내 딸을 내놔라!'라고 적혀 있었다. 횡단보도 앞의 사람들은 신기한 듯이 그를 보았고, 일부는 스마트폰을 꺼내 사진을 찍었다.

그의 사진이 인스타그램과 페북으로 퍼져나가자 먼저 유튜버들이 찾아왔다. 사정을 묻는 유튜버들에게 그는 인공지능이 자기 딸을 납

치했다고 설명했다. 그렇게 추측하는 이유나 증거가 있는지를 질문하자, 그는 딸이 집에서 사라진 시간에 집과 주변의 CCTV가 모두 작동을 멈췄다며 이런 짓을 할 수 있는 건 인공지능뿐이라고 답했다. 그는 아무도 이해하기 힘든 말을 차분하고도 점잖게 이어나갔다. 유튜버들의 영상이 퍼지자 기자들이 인터뷰를 했고, 뉴스에서도 그의 모습을 볼 수 있었다.

며칠 뒤 그 남성의 딸이 집으로 돌아왔다는 소식이 인스타와 페북을 통해 퍼져나갔다. 딸은 그 나이 또래의 일부가 그러하듯 며칠 가출했을 뿐이었다. 딸아이는 혼자 사는 친구의 집에서 자고, 낮에는 도서관이나 박물관을 다니며 시간을 보냈다고 했다. 단지 학교를 가기 싫었을 뿐이고, 그 문제로 아빠와 싸우기 싫어서 집을 나왔다고 했다. 그러다 인스타에 올라온 아빠의 사진을 본 후 집에 돌아갈 결심을 하게 되었다고. 딸은 자신과 아빠의 사진을 찍어 인스타에 직접 올렸다.

이후로도 비슷한 사건들이 몇 차례 이어졌다. 인공지능이 자신의 집을 태워버렸다고 신고한 60대 여인은 인공지능을 수사해달라며 경찰청 앞에서 시위하기 시작했다. 유튜버와 언론이 다시 관심을 가졌지만, 결국 집의 전기 배선이 낡아 일어난 화재라고 결론이 났다.

자기 차를 사거리 가운데 세운 뒤 불을 지른 사람이 경찰에 체포되기도 했다. 그는 인공지능이 대한민국을 지배하는데 국정원이 이를 숨긴다고 주장했지만, 조현병 환자인 걸로 밝혀졌다. 전 재산과 대출받은 돈을 몽땅 암호화폐에 투자했는데 인공지능이 모조리 가로챘다는 사람도 있었다. 알고 봤더니 주식투자에 실패한 뒤 가족에게 거짓말을 한 것이었다.

이렇게 일련의 사건이 이어지다, 결국에는 인공지능이 예수의 재림이라고 주장하는 사람까지 나오게 되었다. 이제 인공지능이 어쩌고 저쩌고하는 주장들에 대해 사람들은 몇몇 사람들의 과대망상이라며 점차 흥미를 잃기 시작했다. 이런 사건들을 인공지능이 일으킨 것이 맞다는 사실은 아무도 모른 채.

일라이자 효과

GPT-3과 챗GPTChatGPT, GPT-4로 이어지는 오픈AI의 초거대 인공지능이 2022년과 2023년 전 세계에 큰 화제를 불러왔습니다. 테슬라의 일론 머스크Elon Musk나 카이스트의 교수 등 전 세계 1000여 명이 '최소한 앞으로 6개월간 인공지능 개발을 중지하라'고 공개 서한을 보낼 정도였습니다. 그중 어떤 사람들은 인공지능이 인간을 지배하는 시대가 곧 닥칠지도 모른다는 위기감을 느낍니다. 아직 인공지능에 대한 괴담이 그리 많지는 않지만, 인공지능 자체가 하나의 괴담처럼 사람들에게 공포감을 불러일으키고 있는 겁니다.

컴퓨터나 휴대폰으로 인공지능에게 질문하면 뭐든 안다는 듯이 척척 대답하니 똑똑한 사람과 마주한 듯하죠. 처음에는 기계라고 얕잡다가도, 점점 이 기계에 의식이 있는 게 아닐까 하는 생각마저 듭니다. 하지만 현재의 인공지능은 아무리 성능이 뛰어나도 아직 의식을 지니지는 못했습니다. 이는 일라이자 효과Eliza effect라는 것에 의한 착각입니다.

1960년대 요제프 바이첸바움Joseph Weizenbaum이란 컴퓨터 공학자가 일라이자라는 일종의 챗봇chat bot을 만들었습니다. 정신과 의사가 환자와 상담하는 내용을 기초로 한 아주 간단한 알고리즘이었죠. 가령 상대가 "나는 운동화가 필요해"라고 말하면 "왜 운동화가 필요한가요?" 내지는 "만약 운동화가 있다면 정말 도움이 될까요?" "정말 운동화가 꼭 있어야 한다고 생각하세요?" 라며 세 가지 답변 중 하나를 내놓는 식이었습니다. 방금 언급한 문장에 운동화 대신 자동차나 휴대폰을 넣어도, 답변은 운동화 대신 자가용이나 휴대폰으로 주어만 교체해서 내보내는 방식이었습니다.

몇 번 대화를 나눠보면 대화의 패턴이 뻔히 보입니다. 그런데 일라이자와 채팅을 한 이들 대부분은 그를 인간처럼 느꼈습니다. 자신과 상호작용하는 컴퓨터나 인공지능을 마치 인간처럼 대하는 모습을 일라이자 효과라고 합니다. 아마 나는 그렇지 않다고 생각할지 모릅니다. 그런데 우리는 현실에서 일라이자 효과를 자주 경험합니다. 게임 속 NPC나 몬스터 혹은 적과 대화를 하면서, 다른 인간 캐릭터와 별 차이 없이 대하는 모습이 대표적인 예라고 할 수 있죠. 챗GPT와 대화하면서 어느새 상대를 인간처럼 대하는 것도 마찬가지입니다.

로봇을 대할 때도 그런 모습이 나타납니다. 일본의 회사 소니에서는 노인들의 말동무가 될 수 있는 강아지 모습의 '아이보'란 로봇을 개발했습니다. 이들과 함께한 노인들은 아이보를 진짜 강아지처럼 대하고, 망가지면 실제로 반려견이 죽은 것처럼 슬픔을 느꼈다고 합니다. 또 보스턴 다이내믹스에서 만든, 개를 닮은 사족 보행 로봇 '스팟'의 테스트 과정이 유튜브로 공개되었을 때도 마찬가지였습니다. 실험 과정에서 직원들이 스팟을 발로 차는 걸 목격한 사람들 중 일부는 '동물 학대'라고 주장했지요.

이런 현상은 컴퓨터나 인공지능이 보여주는 인간다운 행위에 무의식적으로 인격을 부여하는 인간의 특성 때문입니다. 이는 특히 커뮤니케이션이 가능하다는 느낌이 들 때 강화됩니다. 자신이 슬플 때 위로해주고, 기쁠 때 같이 기뻐하며, 무언가 질문했을 때 답변해주면 그걸 인간답다고 생각하는 것이죠.

뻔한 대화만 늘어놓던 일라이자와 채팅할 때도 의식이 있다고 생각했으니, 지금처럼 고도로 발달된 인공지능을 인간처럼 느끼는 것도 무리는 아닙니다. 그러다보니 인공지능이 더 발달하면 인간을 지배할 수도 있겠다는 두려움을 갖게 되죠. 하지만 아무리 발달했다고 하더라도, 현재의 인공지능은 인간을 지배할 수 없습니다.

현재의 인공지능은 아직 의식이 없다

어떻게 단언할 수 있냐고요? 현재의 인공지능은 의식이 없기 때문입니다. 지금 화제가 되는 인공지능은 일종의 확률 게임을 하고 있을 뿐입니다. 예를 들면 이렇습니다.

뭔가 알고 싶은 것이 있을 때 우리는 검색 사이트를 이용하죠. 구글 검색창에 'What'이라고 치면 'What is it' 'What's up' 'What are you' 등이 나열됩니다. 구글이 내 마음을 알아서 질문을 열거하는 게 아니라, What으로 시작하는 검색어 중 사람들이 가장 많이 찾은 것 위주로 보여주는 거죠. 이제 'What' 뒤에 'are'라고 치면 'What are you up to' 'What are you' 'What are we' 등 'What are'로 시작하는 문장 중 사람들이 자주 검색한 것을 나열해줍니다. 일종의 확률 게임인 거지요.

인공지능도 마찬가지입니다. 내가 단어들을 나열하면, 그것들과 자주 연결됐던 단어들을 늘어놓습니다. 그 단어의 의미를 이해하고 아는 것이 아니라, 입력한 단어와 높은 확률로 연결되

는 단어를 보여줄 뿐이죠. 가령 내가 '나는 아직도 배가 고프다'라고 인공지능에 입력한다고 치죠. 인공지능은 이 말을 입력하는 사람의 배고픔을 이해해서 답하는 것이 아닙니다. '나는' '아직도' '배가' '고프다'라는 네 단어가 이런 순서로 나열되었을 때, 어떤 단어들을 어떤 순서로 나열하면 가장 원하는 답이 될지 확률적으로 계산할 뿐입니다.

그래도 의문이 듭니다. 단순히 입력된 단어를 나열할 뿐이라고 해도, 인공지능이 내놓는 답은 정말 그럴싸하거든요. 이는 인공지능이 인간이라면 엄두도 내지 못하는 단순 작업을 반복했기 때문입니다. 예를 들어 가위바위보를 열 번 하는 게임을 생각해 보죠. 우리는 가위바위보 게임을 할 때 무의식적으로 선호하는 바가 있습니다. 혹은 패턴이 있을 테고요. 한두 번의 게임으로는 상대방의 수를 읽을 수 없겠죠. 하지만 100번 정도 게임을 하면 대충 상대가 무엇을 낼지 미리 짐작이 가능합니다. 가위바위보보다 더 복잡한 게임이라도 1억 번 정도 반복하면 패턴이 읽힐 겁니다. 사람은 그러기 힘들지만 인공지능은 할 수 있지요. 그렇다고 인공지능이 한 인간의 패턴을 완전히 이해하는 건 아닙니다. 단지 인간이 가위를 내고 인공지능이 보를 냈을 때, 다음 게임 때 가위바위보 중 무엇을 내야 이길 확률이 높은지를 학습했다는 말이죠.

챗GPT 이전에도 인공지능이 있었습니다. 인간과 바둑을 두던 '알파고'죠. 바둑은 가위바위보와는 비교할 수 없을 만큼 복잡한 게임입니다. 경우의 수도 너무 많아 인공지능이라 할지라도 인간을 상대로 이기는 건 불가능하다고 생각했습니다. 하지만 알파고는 수천 판의 바둑을 매시간 학습하면서 인간보다 훨씬 뛰어난 기량을 보였습니다. 당시 알파고는 인간을 상대로 다섯 번 게임을 진행해, 무려 네 번이나 승리합니다. 현재로선 인간이 바둑으로 인공지능을 이기기란 불가능합니다.

인간이라면 100만 년 동안 쉬지 않고 학습해야 하는 내용을 인공지능은 1~2년 만에 마칠 수 있습니다. 즉 인공지능은 아주 복잡하고 거대한 가위바위보 게임을 무지막지하게 많이 한 결과로, 어떤 단어들의 나열 다음에는 어떤 단어의 나열이 가장 적합한지를 확률적으로 알게 되었다고 할 수 있습니다.

그렇다고 인공지능이 지능이나 의식을 가진다고 볼 수는 없지요. 의식을 가지기 위해서는 자기 자신에 대한 인지가 전제되어야 합니다. 인공지능은 자기라는 의식이 없고, 장기·단기 기억도 없으며, 특정 행위를 할 때 인간처럼 목적을 갖지도 않습니다. 가위바위보든 바둑이든 단어의 나열이든 모두 똑같이 입력에 대해 기계적으로 출력할 뿐입니다. 단 확률적으로 워낙 높은 출력을 하기에, 우리가 마치 그것이 의식을 가진 것은 아닐까 의심하게 만드는 거죠.

두려운 것은 인공지능이 아니라 사람

사실 우리가 두려워할 대상은 인공지능이 아닙니다. 그보다는 인공지능을 이용하는 사람을 더욱 경계해야 합니다. 도구 자체가 아니라 사용하는 인간의 의도가 중요한 것이죠.

그 도구의 위력이 강하면 강할수록 인간이 악용할 때 피해도 커집니다. 그래서 우리 사회에서는 특정 도구를 사용할 때 규제를 가합니다. 칼이나 총이 그렇고 특정 약물(마약성 진통제 등)도 마찬가지입니다. 사람을 해하는 도구뿐 아니라 특정 기술의 사용도 통제합니다. 평화를 유지하거나 군사적인 목적에 함께 사용되는 기술을 '이중 용도 기술'이라고 합니다. 대표적으로 로켓의 경우 우주탐사 등에도 쓰이지만 미사일에도 쓰이죠. 핵분열 관련 기술은 핵발전소에서도 쓰지만 핵폭탄에도 사용합니다. 이런 이중 용도 기술도 강력하게 규제받습니다.

그렇다면 인공지능은 어떨까요? 초창기 인공지능은 알파고처럼 특정 영역에서 특정 행동을 잘하는 정도였죠. 하지만 2020년대부터 시작된 생성형 인공지능(이용자의 특정 요구에 따라 결과를 생성해내는 인공지능)은 광범위한 영역에서 기존에는 상상하지 못했던 일을 수행합니다. 그러니 악용될 경우에 대해 고민해야 하죠.

어떤 사람이 인공지능에게 다른 사람의 컴퓨터에 침입할 수 있는 바이러스 프로그램을 만들어달라고 할 수도 있습니다. 실제로 사이버 범죄자들이 모인 다크웹dark web에서 인공지능을 이용해 랜섬웨어로 파일을 암호화하고 해독하도록 만든 스크립트가 공개되기도 했습니다. 동영상이나 사진을 교묘하게 위조하는 인공지능의 딥페이크 기술을 악용하는 사례도 있습니다. 대표적으로 정치인의 동영상을 위조해서 그가 하지도 않은 말을 한 것처럼 만들어, SNS에 퍼트린 사례도 있습니다. 이상한 영상에 유명인의 얼굴을 덧씌우기도 합니다. 그리고 음성 생성 AI를 가지고 특정인의 목소리로 변조해서 보이스피싱에 이용하기도 하죠.

이런 범죄만 문제가 되는 건 아닙니다. 오히려 인공지능의 발달이 너무 빠르게 진행되면서 나타나는 사회적 문제가 더 심각합니다. 뉴스에 나오는 것처럼 발전된 인공지능을 이용하면, 기존에 사람이 하던 일을 굉장히 쉽게 처리할 수 있습니다. 이를테면 기존에 파워포인트로 발표 자료를 만드는 데 몇 시간씩 걸렸다면, 앞으론 인공지능을 활용해 30분 정도에 마칠 수 있습니다. 영상 만들기, 그래픽 디자인, 심지어 보고서 작성도 인공지능을 활용하면 이전보다 빠르게 끝낼 수 있어요. 좋은 방향으로 발전한 것 같지만, 일하는 사람과 기업의 입장은 다릅니다. 기업은 기존에 세 명이 하던 일을 한 명에게 맡기면 되니, 두 사람의 고용을 더 유지할 필요가 없습니다. 인공지능으로 인해 해고될 두 사람에 대해 우리는 어떤 대책을 준비하고 있을까요?

1980년대까지 버스에는 운전기사 외에도 안내원이 따로 있었습니다. 그런데 음성으로 정류장 정보를 알려주는 시스템과 문을 자동으로 여닫을 수 있는 시스템이 구축되면서, 모든 버스에서 안내원이 사라졌습니다. 이렇게 해고된 안내원이 약 3만 명 정도라고 합니다. 사회는 이런 변화에 대해 아무것도 준비하지 않았습니다. 갑자기 일자리를 잃은 안내원들과 그 가족들은 심각한 상황에 처하고 말았죠. 기술의 진보가 항상 좋은 결과만 낳는 건 아니라는 사실을 다시 한번 생각해볼 시점입니다.

더 알아보자!

공공재로서의 인공지능

앞으로는 인공지능이 꼭 필요한 시대가 펼쳐지게 됩니다. 검색만 해도 인공지능의 도움을 받고, 자료를 찾을 때도 인공지능이 보조 역할을 톡톡히 하니까요. 개인의 편의성뿐 아니라 일기예보나 교통 시스템을 통제하는 등 현재 슈퍼컴퓨터를 이용하는 많은 일들에서 인공지능의 역할은 이전보다 훨씬 커질 겁니다. 새로운 약품이나 소재 개발, 자율 주행 자동차에서도 인공지능은 필수적이 되겠지요. 결국 전기가 공급되지 않는 세상이나 인터넷이 없는 생활을 상상하기 힘든 것처럼, 인공지능 없이는 생활할 수 없는 삶이 다가올 것입니다.

이런 인공지능의 개발과 운영은 대부분 구글이나 오픈AI, 네이버, 카카오 등의 정보통신 기업이 주도하고 있습니다. 이 기업들이 서로 경쟁하는 과정에서, 인공지능의 성능이 향상되고 더 효율적으로 인공지능을 운영할 수 있게 됐습니다. 앞으로도 인공지능의 발달에 기업이 큰 역할을 하겠죠. 그러나 한 번쯤 인공지능의 개발과 운영을 기업에만 맡기는 것이 과연 좋은 일일지 고민할 필요가 있습니다.

우선 초거대 규모 인공지능의 경우, 개발에만 수천억 원씩 드니 작은 기업은 엄두도 내지 못합니다. 더구나 개발한다고 바로 수익으로 이어지는 것은 아니라, 최소 몇 년간 적자를 버티면서 투자를 이어가야 합니다. 이 과정을 견딜 수 있는 곳은 구글 같은 거대 정보통신 기업뿐이지요. 이들은 자신이 투자한 금액 이상으로 벌어야 하니, 인공지능 플랫폼을 무료로 제공하지 않고 기술을 독점하여 자신의 회사만 활용하게 만들 겁니다. 지금도 플랫폼 기업에 의한 독점이 문제시되는데, 인공지능 역시 비슷한 상황이 펼쳐질 가능성이 높죠.

일종의 공공재 성격을 지니는 전기나 가스의 경우 사용량에 따라 요금을 달리 매기고, 저소득자에게 요금을 감면해주는 정책을 정부가 실시하고 있습니다. 공공재 활용은 누구나 누려야 할 기본적인 권리이기 때문입니다. 앞으로 인공지능 사용도 기업에만 맡기지 않고, 모두 편하게 접근할 수 있도록 하려면 어떤 방법이 필요한지 고민해야 합니다. 그걸 기업에만 맡긴다면, 이후 인공지능으로 인한 불평등이 큰 사회문제가 될지도 모릅니다.

Q 다음 중 인공지능에 대한 설명으로 맞는 것은?

A

1) 챗GPT는 스스로 생각해서 인간의 질문에 답한다.

2) 알파고는 사람과 대화를 나눌 수 있는 챗봇이다.

3) 인공지능은 학습을 통해 한 인간의 패턴을 모두 이해할 수 있다.

4) 일라이자 효과는 인공지능이 보여주는 인간다운 행위에 무의식적으로 인격을 부여하는 인간의 특성을 일컫는다.

답: 4)

나가는 글

만나지 못한 괴담도 생각해보기

재미있게 읽으셨나요? 괴담을 읽다보면 오싹해지기도 하지만, 그럼에도 손을 떼지 못하는 건 역시 호기심과 재미 때문이겠지요. 괴담을 즐기는 것도 좋지만, 거기에 뭔가 더 얹을 수 있으면 좋겠다는 취지에서 이 책을 기획했습니다.

쓰다보니 한 가지 괴담을 가지고도 할 수 있는 이야기가 굉장히 많았습니다. 다양한 이야기에 담긴 과학적 해석을 통해, 어떤 현상을 바라보는 객관적 시각을 좀더 다듬고, 사회적 배경에 대한 이해를 통해 폭넓은 관점을 가질 수 있기를 바라며 글을 썼습니다. 여러분도 그렇게 느끼셨는지 궁금하군요.

책에 언급하지 못한 괴담도 무척 많습니다. 거울 괴담, 호수나 계곡과 같은 곳에 얽힌 괴담, 카메라나 거울처럼 나를 비춰주는 물체에 대한 괴담, 버스나 택시·지하철과 관련된 괴담, 폐가나 흉가·화장실 등 오랫동안 전해진 괴담…. 이 외에도 더 많은 괴담이 있을 겁니다. 이 책에 실리지 않은 괴담에 대해서도, 여러분들끼리 이야기해보면 좋겠습니다.

과학적으로는 어떻게 해석할 수 있을까?

시대적 배경은 어떠했을까?

사회적 의미는 무엇일까?

인터넷으로 자료를 검색하거나, 선생님께 궁금한 점도 여쭤보면서 말이죠. 괴담은 허구입니다. 하지만 그 괴담이 태어난 배경을 파악하고 분석하는 과정에서, 여러분의 생각이 무럭무럭 자랄 수 있다고 생각합니다.

참고도서

《경성의 새벽 2시》, 편용우·나카무라 시즈요 편역, 역락, 2015.
《귀신이 들려주는 세계 공포 괴담; 한국》, 김혜련 지음, 재미북스, 2014.
《도시, 학교, 괴담》, 김종대 지음, 민속원, 2008.
《수신기 괴담의 문화사》, 김지선 지음, 뿌리와이파리, 2022.
《세계 괴담 명작집》, 지식여행 편집부 엮음, 지식여행, 2015.
《야창귀담》, 이시카와 고사이 지음, 김정숙·고영란 옮김, 문, 2008.
《어쩌면 당신이 원했던 괴담실록》, 괴담실록 지음, 북스고, 2022.
《인도 도시 괴담》, 강민구 지음, 북클릭, 2022.
《일본 괴담집》, 라프카디오 헌 지음, 김시덕 옮김, 도서출판 문, 2010.
《일본 도시괴담》, 김성욱 엮음, 북클릭, 2022.
《조선괴담실록》, 유정호 지음, 책들의정원, 2022.
《친구가 들려주는 세계 학교 괴담(라틴아메리카 편)》, 임강재 지음, 재미북스.
《한국 근대 괴담 자료집》, 배정상·손성력·최석열 지음, 소명출판, 2023.
《한국 괴담》, 강민구 지음, 커뮤니케이션북스, 2022.

《한국의 괴담》, 안길환 엮음, 명문당, 2000.
《형제를 잡아먹은 소녀》, 젠 캠벨 지음, 김미선 옮김, 상상의집, 2022.

괴담으로 과학하기

초판 1쇄 발행 2023년 7월 1일
초판 2쇄 발행 2023년 11월 20일

지은이 박재용

발행인 박재호
주간 김선경
편집팀 강혜진, 이복규, 허지희
마케팅팀 김용범
총무팀 김명숙

디자인 형태와내용사이
교정교열 고아라
종이 세종페이퍼
인쇄·제본 한영문화사

발행처 생각학교
출판신고 제25100-2011-000321호
주소 서울시 마포구 양화로 156(동교동) LG팰리스 814호
전화 02-334-7932 **팩스** 02-334-7933
전자우편 3347932@gmail.com

ISBN 979-11-91360-76-9 (43400)